Berliner Häfen

Berliner
Häfen
Harald
Neckelmann

1. Auflage 2023

Bernauer Str. 8a, 10115 Berlin
www.lh-verlag.com

Der L&H Verlag ist Teil der
Verlagskooperation ***lesen*** *lokal*
www.lesen-lokal.de

Herstellung: Manuel Lindinger, L&H Verlag
Lektorat: Thies Schröder, L&H Verlag
Layout/Satz: typegerecht berlin
Printed in the EU

Bibliografische Information der Deutschen Bibliothek
Die Deutsche Bibliothek verzeichnet diese Publikation
in der Deutschen Nationalbibliografie.
Detaillierte bibliografische Daten sind im Internet
über http://dnb.ddb.de abrufbar.

ISBN 978-3-939629-69-6

Inhalt

am Haken 75t x 9 m
am Spreader 40t
BEHALA
P&O Nedlloyd

Inhalt

Einleitung

Zum Tutti-Finale der Komposition »berlin westhafen – umschlagplatz klang« treffen sich alle Musiker – insgesamt sieben Ensembles aus der Freien Szene Berlins – unter dem dramatisch beleuchteten Zementsilo. Rund 200 Besucher haben sich an diesem Abend im Juni 2022 in Moabit versammelt. Drei Stunden lang verfolgen sie die musikalische Bespielung des Westhafens. Unter ihnen auch Petra Cardinal, seit Mai 2018 Geschäftsführerin der BEHALA, der Berliner Hafen- und Lagerhausgesellschaft mbH. Sie hat das Klangerlebnis ermöglicht.

Die »Landschaftskomposition« wird begleitet von den Geräuschen des Hafenalltags. »Ein Güterzug holpert über die Schienen, eine Weiche ruckelt und eine Lok faucht beim Abkoppeln«, die Autorin der »neue musik zeitung nmz« hört ganz genau hin. Anwesende fragen sich, ob diese Geräusche Teil der Inszenierung des Schweizer Künstlers Daniel Ott seien. Cardinal ist begeistert von der enormen Akustik unter dem Silo. In ihrem Berufsleben hat sie bereits eine Industriehalle zum Konzertraum umgebaut, sie kennt sich aus mit Klangeffekten und Nachhallzeiten. Der für sie wichtigste Effekt an diesem Abend: Man kann die BEHALA nahbar und erfahrbar machen.

Berlin liegt nicht am Meer, dennoch verkehrlich günstig zwischen Oder und Elbe. Beide Flüsse verlaufen von Süden nach Norden. Lange Zeit fehlte es an Wasserwegen in ost-westlicher Richtung. Andere Weltstädte liegen an großen Strömen – Berlin ist auch da eine Ausnahme. Aber es gibt die Spree und die Havel, es gibt acht Kanäle und 190 Kilometer Schifffahrtsstraßen, die das Stadtgebiet durchziehen – das längste Wasserstraßennetz aller deutschen Städte. Mit dem Landwehrkanal (1850 fertiggestellt) entsteht der Schöneberger Hafen, auch das als Ladestraße hergerichtete Hallesche Ufer dient dem Schiffsumschlag. Man unterscheidet Häfen und Ladestraßen. Die Ladestraßen sind über das ganze Stadtgebiet verteilt, sie sind die Vorläufer der Häfen. Ladestraßen ziehen sich längs der Wasserläufe hin und dienen dem Umschlag von Massengütern wie Kohlen, Sand, Kies und Baustoffen. Größtenteils sind sie mit Kränen und Verladebrücken ausgestattet. Häfen sind in sich geschlossene Gebiete, die über geschützte Hafenbecken, freie und gedeckte große Lagerflächen, Speicher, Siloanlagen und Kräne sowie Kohlebrücken verfügen. Der Schöneberger Hafen kann nur mit Schiffen bis zum »Finowmaß« angefahren werden. Dieses erste standardisierte Binnenschiffmaß wird 1845 für den Finowkanal festgelegt: Länge 40,20 Meter, Breite 4,60 Meter, Tiefgang 1,40 Meter und 200 Tonnen Tragfähigkeit. Ein solches verbindliches Maß für Schiffe ist wichtig, um Kanäle und Schleusen zu planen. Mit dem Bau des Berlin-Spandauer Schifffahrtskanal (1859 fertiggestellt) legt Preußen auch den Humboldthafen und den Nordhafen an. Später kommen die an den Humboldthafen anschließenden Ladestraßen am Kronprinzen- und am Friedrich-Karl-Ufer (heute Washingtonplatz und Kapelle-Ufer) hinzu. Der preußische Fiskus zeichnet für den Brückenbau sowie den Schiffs- und Ladeverkehr verantwortlich. Der erste Hafen, den die Stadt Berlin eröffnet, ist der Urbanhafen (1896) am Landwehrkanal. Für den Bau von Häfen war nun nicht länger der preußische Staat allein verantwortlich, auch die Städte lassen Häfen anlegen. Gerade im rasch wachsenden Berlin verlangen die Kaufleute nach neuen Transportmöglichkeiten. Doch auch der Urbanhafen

◀ Verwaltungsgebäude der BEHALA, 1953

besitzt wie alle übrigen der damaligen Häfen keinen Gleisanschluss. Das ändert sich mit dem neuen Packhof im 1861 nach Berlin eingemeindeten Ortsteil Moabit, den Preußen 1883–1886 an der Spree baut. Zum Packhof zählen Einrichtungen für den Umschlag von der Eisenbahn auf das Schiff oder umgekehrt. Heute befinden sich auf dem Areal das Bundesinnenministerium, der Park des Kanzleramtes und das Wohngebäude »Bundesschlange«. Das Restaurant Zollpackhof, das frühere Zollamt für Postsendungen (heute Polizei- und Feuerwache) und am anderen Ende des Moabiter Werders der ehemalige Güterschuppen Spreebord (heute Anne-Frank-Grundschule) erinnern an die frühere Lager- und Handelsstätte.

▲ Der neue Packhof in Moabit, Holzstich nach Otto Günther-Naumburg von 1885

Wo liegt der Anfang eines Hafengeschehens in Berlin? Die Stadt ist im 13. Jahrhundert wohlhabend und befähigt 1251 den Rat der Stadt, einige wichtige Privilegien zu kaufen, unter anderem das Zollprivileg und das Niederlagsrecht. Zoll muss zahlen, wer die Wasserwege durch die Doppelstadt Berlin-Cölln benutzt. Das Niederlagsrecht besagt, dass reisende Kaufleute, sofern sie auf Handelsstraßen durch die Mark unterwegs sind, über Berlin fahren müssen. Dort haben sie ihre Ware auszuladen und auf dem Markt oder in der Kaufhalle einige Tage

den Einwohnern zum Kauf anzubieten. Die Niederlage und der Umschlag selbst verteuern den Preis fremder Waren, die Berliner profitieren davon.

Der Mühlendamm, das Zentrum der Doppelstadt, dient als Staudamm für die ab 1220 betriebenen Wassermühlen, die Spree ist dort unpassierbar. Am Mühlendamm kreuzen sich zwei bedeutende Handelsstraßen: Vom Rhein nach Polen hinein und von Süddeutschland über Leipzig an die Ostseeküste. Der Stau am Mühlendamm bildet kein Hindernis für den Warenverkehr zu Wasser. Denn die fremden Kaufleute sind durch das Niederlagsrecht ohnehin gezwungen, ihre Güter aus- und umzuladen. Zu Anfang des 14. Jahrhunderts wird der südlich parallel verlaufende Cöllnische Stadtgraben, ein schmaler Nebenarm der Spree, vom Stadt- und Festungsgraben zum Spreekanal erweitert. Er soll die für den Durchgangsverkehr am Mühlendamm gesperrte Spree umgehen. Diese Maßnahme wirkt sich außerordentlich günstig aus, so dass der Berliner Schiffsverkehr in den nächsten Jahrzehnten erheblich zunimmt und die Stadt sogar Mitglied im Bund der seebeherrschenden Hanse wird, des Zusammenschlusses von Kaufleuten und Städten zur Stärkung des Außenhandels.

▲ Am Hafenplatz werden Ziegelsteine aus Rathenow ausgeladen, 1905

MUSEEN ZU BERLIN

Die verkehrsgeographisch günstige Lage inmitten Europas bietet Berlin neue Entfaltungsmöglichkeiten. Im 16. Jahrhundert wird bereits überlegt, die Landwege zwischen Oder und Elbe durch Verbindungskanäle zu ersetzen. Keine andere deutsche Stadt wird fortan auf ähnliche Weise mit immer leistungsfähigeren Wasserstraßen ausgestattet. Die Untere Oder wird durch den ersten Finowkanal (1620 vollständig in Betrieb genommen und damit der älteste Kanal in Deutschland) mit der Havel verbunden. Durch den Dreißigjährigen Krieg ist der Kanal fast völlig verwahrlost und verfällt. Friedrich der Große stellt ihn 1746 wieder her als Verbindung zum preußischen Seehafen Stettin. Und er lässt den Plauer Kanal (Teil des heutigen Elbe-Havel-Kanals) bis 1745 als Verbindung mit der Elbe anlegen. Bereits zuvor gelingt es 1669 durch den Großen Kurfürsten, die Mittlere Oder mit der Spree (Oder-Spree-Kanal) zu verbinden und den Handel aus Schlesien in die Mark Brandenburg zurückzuholen. Damit entwickelt sich die Hauptstadt Preußens auch zu einem bedeutenden Handelszentrum. Berlin wächst in seiner Bevölkerungszahl über einen kurzen Zeitraum enorm an. Der Bedarf an Baustoffen, Brennstoffen und Lebensmitteln ist groß und wird auf Binnenschiffen herangeschafft. Ziegel kommen aus Zehdenick und Umgebung, Kalksteine, Kalk und Gips aus Rüdersdorf, Granite aus Schlesien, Mosaikpflaster stammen aus Mitteldeutschland, Kohle aus Schlesien und später auch dem Ruhrgebiet, aus Mitteldeutschland kommen auch Salze, über die Seehäfen und aus der weiteren Umgebung wird Getreide angeliefert. Damit diese Güter für die Versorgung und Entwicklung der Stadt kontinuierlich und ausreichend vorhanden sind, müssen Wasserstraßen zwischen den Stromgebieten hergestellt und ausgebaut werden. Und auch in Berlin selbst bedarf es neuer Verbindungen, denn die Güter sollen über das gesamte Stadtgebiet verteilt an Land umgeschlagen werden.

Die Schiffe und Flöße müssen vor 1900 noch von Menschen- oder tierischer Kraft gezogen (getreidelt) werden. Der Transport von Floßhölzern ist bedeutend: 1884 werden mit 392 Flößen 30 142 Tonnen Floßholz transportiert. Die Flößer binden Baumstämme zusammen und transportieren so große Holzmengen. Das Flößen von Bauholz wird bis zur zweiten Hälfte des 19. Jahrhunderts immer wichtiger. An Land übernehmen Pferdefuhrwerke den weiteren Gütertransport in einem kleineren Lieferradius. Die Stadt dehnt sich immer weiter aus, neue Siedlungsgebiete werden erschlossen, denen neue Kanäle auch zur Entwässerung dienen. Im Laufe der Zeit verlagert sich der Handel teilweise von den Landstraßen auf die Wasserwege.

Die Berliner Wasserstraßen können damals Finowmaßkähne und Plauer Maßkähne befahren. Kähne nach Plauer Maß von 1886 sind 65 Meter lang, 8 Meter breit, mit einem Tiefgang von 2 Meter und 650 Tonnen Tragfähigkeit. Der Güterverkehr von Berlin und seinen Vororten steigt von 1891 bis 1900 von jährlich 10,7 Mill. Tonnen auf 14,4 Mill. Tonnen. Berlin hat sich inzwischen zum zweitgrößten Binnenhafen Deutschlands entwickelt, nach Duisburg. Das Binnenschiff ist am Umschlag zu 45 bis 49 Prozent beteiligt. Das Jahr 1900 zählt in Berlin ca. 83 000 Schiffe mit einer durchschnittlichen La-

◀ Massengüter auf der Spree, Blick von der Weidendammer Brücke

dung von rund 140 Tonnen. Etwa 85 Prozent davon sind Einfuhren, 15 Prozent Ausfuhren. Das ungleiche Verhältnis zwischen Export und Import kommt zustande, weil auf dem Wasserweg vor allem Rohstoffe herangebracht werden: Kohlen, Eisen und Baustoffe, für deren Transport man sich Zeit lassen darf. Bei ihnen kann man auch die höheren Transportkosten der Eisenbahn sparen, die in der zweiten Hälfte des 19. Jahrhunderts immer mehr zur Konkurrenz der Binnenschifffahrt wird. Doch die Schifffahrtstarife sind bis zu 75 Prozent niedriger. Exportiert hingegen werden vor allem Fertigwaren, die immer auf dem schnellsten Weg und ohne Rücksicht auf die Kosten weggeschafft werden müssen.

Die kleineren Häfen können den wachsenden Warenverkehr, vor allem die in den Gründerjahren stark steigenden Baustofftransporte, nur unzureichend bewältigen. Der schwerfällige preußische Staatsapparat ist zuletzt außerstande, die notwendigen Hafenanlagen und Umschlagplätze zu schaffen. Die Berliner Kaufmannschaft fordert deshalb schon ab 1890 zur schnellen Belieferung der ständig expandierenden Reichshauptstadt dringend die Errichtung von zwei großen Häfen mit gedecktem Lagerraum und Gleisanschluss. Die Eisenbahn gilt ab 1840 als Motor der Industrialisierung. Schnell und kostengünstig liefert sie Energie- und Rohstoffe an und verteilt die industriellen Produkte.

Nach 1900 entstehen größere Häfen, die an das Eisenbahnnetz angeschlossen sind. Heute spricht man von multimodaler Verkehrslogistik. Im Osten und Westen Berlins werden Speicheranlagen eingerichtet: 1913 der Osthafen an der Oberspree und 1923 der Westhafen in Moabit als die größte Hafenanlage Berlins. Der Wasserverkehr kann sich bei einer steigenden Konkurrenz der Eisenbahn zunächst noch behaupten. Danach geht er langsam zurück, führend für den Gütertransport wird die Eisenbahn. Für den Rückgang des Binnenschiffsumschlags in Berlin werden mehrere Ursachen genannt: weniger Baugeschehen, günstiger werdende Eisenbahntarife, Niedrigwasser von Elbe und Oder und überwiegend unzureichende Lade- und Löscheinrichtungen.

Das bedeutendste Vorhaben im Kanalbau ist der Bau des Teltowkanals südlich von Berlin von 1901 bis 1906. Der Kanal ist 37,8 Kilometer lang und verkürzt den Wasserweg von der Havel zur Spee Oder-Wasserstraße um 16 Kilometer. Er bildet eine südliche, zügige Umgehung Berlins für den Durchgangsverkehr, soll aber auch als Umschlagplatz für neu anzusiedelnde Industrien dienen. Zusätzlich geht es um die Entwässerung der aufstrebenden, noch selbständigen Vororte Britz, Tempelhof, Mariendorf, Lankwitz, Steglitz und Lichterfelde, damit sich die dortigen Siedlungsgebiete besser entwickeln können. Alle Ortschaften besitzen kleine Häfen, lediglich Tempelhof verfügt über einen größeren mit eigenem Lagerhaus.

Auch in den größeren Nachbarstädten entstehen Hafen- und Umschlaganlagen. Charlottenburg, damals noch nicht zu Berlin gehörend, schafft insgesamt 1,7 Kilometer Ladestraßen an den Südufern von Spree und Landwehrkanal. Weitere 2,3 Kilometer kommen mit dem Spreebord am Nordufer (dicht beim Bewag-Kraftwerk) und am Charlottenburger Verbindungskanal hinzu. Im Neuköllner Schifffahrtskanal entsteht der Hafen Neukölln mit dem Ober- und Unterhafen, am Tegeler See der Tegeler Hafen. Spandau nutzt einen alten Havelarm und baut den Südhafen, dann am Westufer der Oberhavel den Nordhafen.

Nach der Bildung von Groß-Berlin 1920 wird bald auch eine zentrale Hafenverwaltung geschaffen. Nach dem Ende des Ersten Weltkriegs ist die kommunale Finanzlage angespannt, die Zuschüsse sollen gering bleiben. Mit Beteiligung von Privatfirmen entsteht die Berliner Hafen- und Lagerhaus AG (BEHALA), später wird sie in einen Eigenbetrieb der Stadt Berlin umgewandelt. Die BEHALA übernimmt im März 1923 die folgenden sechs Häfen: Osthafen, Westhafen, Neuköllner Hafen, Tegeler Hafen, Urbanhafen und Südhafen Spandau. Hinzu kommen über 20 Ladestraßen. Es entsteht die Hoffnung, dass eine engere Bindung an die Privatwirtschaft der kränkelnden Binnenschifffahrt wieder auf die Sprünge helfen würde. Den größten Anteil des Warenumschlags übernehmen allerdings über 200 private Anlagen im sogenannten Werkverkehr durch die Industriebetriebe und andere Werke selbst, ein Teil durch private Umschlagbetriebe. Viele namhafte Unternehmen, städtische Kraft-, Gas- und Wasserwerke, Tanklagerbetriebe und Mühlenwerke benutzen eigene

▲ Historische Ansicht von Neu-Kölln (heute: Märkisches Ufer), um 1885

D.S.U.571

Werkshäfen. Hinzu kommen die für den Wasserumschlag eingerichteten Lagerplätze der Berliner Kohlen- und Baustoffhändler. Bedeutend sind hier die WTAG (Westfälische Transport AG), Berlins größtes privates Lagerei- und Umschlagunternehmen, sowie das Logistikunternehmen Rhenus mit ihren drei Häfen.

Die Firma Siemens unterhält zwei Werkshäfen. Im Jahr 1938 werden 5,6 Millionen Tonnen Güter privat umgeschlagen, auf den BEHALA-Anlagen etwa 3,3 Millionen Tonnen oder 36 Prozent des Binnenschiffsumschlags.

Als 1938 der Mittellandkanal eröffnet wird und so das märkische Wasserstraßennetz weit in den Westen hinein bis an den Rhein angebunden wird, zeigt man sich voller Zuversicht. Diese aber macht der Zweite Weltkrieg zunichte. Im Mai 1945 sind die Häfen zu mehr als 60 Prozent zerstört, das Verwaltungsgebäude der BEHALA ist zur Hälfte ausgebrannt, der Getreidesilo und die Lagerhäuser sind schwer beschädigt. Auch die Kräne befinden sich in einem trostlosen Zustand.

Was noch vorhanden ist, wird schließlich demontiert. Das Wasserstraßenamt führt mit Tauchern, Baggern und Kränen einen hartnäckigen Kampf um die Schiffbarkeit der Flussläufe und Kanäle Berlins. Gesprengte Brücken, Ruinenteile, Wracks und Kriegsgerät werden aus der Fahrrinne geborgen, bis das Wasserstraßennetz Berlins Ende 1947 in seiner Gesamtlänge wieder schiffbar ist. Damit die Schiffer in der Nachkriegszeit überhaupt etwas zu tun bekommen, beauftragt der Magistrat sie mit dem Transport von Schutt und mit der Müllabfuhr.

◀ Berlin um 1952, die Wasserstraßen sind wieder schiffbar

▼ Rohstoffe für die Stadt – Umschlagplatz und Speicher Westhafen

30 Häfen

Ein erster Hafen und mehrere Packhöfe

Am Krögel heißt eine 150 Meter lange Privatstraße im mittelalterlichen Stadtkern Berlins. Sie beginnt an der Stralauer Straße, verläuft auf dem Gelände der Berliner Wasserbetriebe in südliche Richtung und knickt von Osten ab, bis sie in die Neue Jüdenstraße einmündet. Die ursprüngliche, bis 1937 existierende Straße Am Krögel begann etwa 50 Meter weiter westlich am Molkenmarkt (früher »Older«, Alter Markt) und führte zum Spreeufer. Das Wort »Krögel« stammt sprachlich vom niederdeutschen »krouwel« ab und bezeichnet Wasserläufe. In Berlin wird so ein Verbindungskanal genannt, in dessen Verlauf nach dem Zuschütten im 16. Jahrhundert die Gasse Am Krögel angelegt wird. Der Wasserlauf ist zunächst eine Bucht, wird zum Stichkanal ausgebaut und dient als Anlegestelle für Lastkähne, ist also Berlins erster Hafen. Am Ufer errichtet die Stadt Berlin ein Kaufmannhaus (»Koop-Hus«). Der Molkenmarkt wird zur Entfrachtung der Waren genutzt und gilt daher als wichtiger Handelshafen mit Salzhäusern und Stapelplatz. Sehr bald entstehen auch Lagerhäuser, denn es gibt bereits einen regelmäßigen Schiffsverkehr von und nach Berlin. Auch an der Spree

◀ Hebekräne im Neuen Packhof in der alten Orangerie, Radierung von Johann Wilhelm Meil

schaffen die Städte Berlin und Cölln Ankerplätze und Landestellen für die Schifffahrt. Da der Wasserweg von der Unteren Elbe her noch in Berlin aufhört, müssen die Handelsgüter ohnehin auf dem Molkenmarkt vom Wasser- auf den Landweg – und entgegengesetzt – umgeschlagen werden. Das auch Krögel genannte Viertel wird 1936-42 mit dem Bau der Reichsmünze und des zuvor abgerissenen, dann aber neu erbauten und in den Neubau integrierten Palais Schwerin überbaut.

Bei Amtsantritt des Kurfürsten Johann Georg (1571–1598) entstehen ein erstes Hafenbecken und ein Packhaus am linken Ufer des Cöllnischen Stadtgrabens auf dem Werder, direkt unterhalb der Mühlendamm-Schleuse. »Werder« bedeutet »Insel in einem Fluss«. Ein Packhaus ist ein Speicher, um Waren vor dem Weitertransport zu lagern. Ortsansässige Handelsunternehmen können es auch als Depot nutzen. Durch den Friedrich-Wilhelm-Kanal (später Oder-Spree-Kanal) besitzt Hamburg nun eine Schiffsverbindung mit Schlesien. Besonders günstig für Berlin: die Elbkähne, die Ware aus Hamburg bringen, sind so groß, dass in Berlin auf andere Schiffe umgeladen werden muss.

▲ Der Neue Packhof im Lustgarten, 1749

1669 folgt der Bau des ersten Packhofes, einer Lagerhalle und einer Zoll- und Steuerkontrollstelle. Der Baumeister Philippe de Chiese (1629–1673) hat diesen Packhof entworfen, gelegen am Auslauf des Cöllnischen Stadtgrabens in Friedrichswerder, eine noch eigenständige Stadt, die sich später in Berlin eingliedert. Die Anlage erstreckt sich von der heutigen Schleusenbrücke am Außenministerium bis zur Schlossbrücke, wo sich der Schinkelplatz befindet und seine Bauakademie wieder entstehen soll. Das Areal begrenzt die nach der Niederlage benannte Niederlagstraße. Denn in einem Packhof können zeitweise auch Waren unversteuert vor einem Weitertransport »niedergelegt«, also deponiert werden. Die Gebühren für eine Lagerung sind oft niedriger als die Einfuhrsteuern. Der Packhof kann von der Straße Am Packhof (heute: Werderscher Markt) aus erreicht wer-

den, auch in der Niederlagstraße gibt es weitere Eingänge.

Über einen Spree-Arm und eine Schleuse bringen ab dem 17. Jahrhundert Lastensegler ihre Waren in die wachsende Stadt. Zunächst entstehen Lagerhäuser, eine Waage und ein Wachhaus. Später folgt der Bau eines Akzise- und Zollhauses. Der Packhof verfügt über einen großen Hof, der sich zur Spree öffnet. Am Wasser befindet sich eine Anlegestelle für Schiffe, am Kai ein durch Menschenkraft betriebener großer Kran, der die Güter aus den Schiffen heraushievt. Alle für die Einfuhr nach oder zur Ausfuhr aus Berlin vorgesehenen Waren müssen ausgeladen und zur Sichtung durch die Kontrollbeamten zwischengelagert werden. Neben den Schiffern treffen an den Stadttoren Fuhrleute ein, die eine militärische Eskorte zum Packhof begleitet. Dort übergeben sie ihre Frachtbriefe den Buchhaltern, die sie registrieren und auszeichnen. Mit den Frachtbriefen in der Hand können die Ankommenden anschließend ihre Kunden aufsuchen. Diese müssen mit dem Dokument wiederum zum Packhof und melden, ob die Waren in Berlin verbleiben, ob sie gelagert oder bald wieder ausgeführt werden sollen.

Die Spreeinsel nördlich des Lustgartens ist über hundert Jahre ein Gewerbe- und Wohngebiet, bevor sie sich zur Museumsinsel entwickelt. Als die erste Packhofanlage wegen des ständig steigenden Güterumschlags nicht mehr ausreicht, entscheidet Friedrich der Große 1743: das halbkreisförmige Pomeranzenhaus (Orangerie), von Nehring erbaut und nicht mehr genutzt, soll von 1749 an als ergänzende Warenniederlage dienen. Es steht im Vorhof der später gebauten Nationalgalerie und diente als Teil der Schlossanlage ursprünglich als Gewächshaus und Wintergarten für Zitrusfrüchte. Ein später zugeschütteter Kommunikationsgra-

▲ Der alte Packhof auf dem Werder um 1790, später Bauakademie und Schinkelplatz (Holzstich)

▲ Der Neue Packhof von der Schlossbrücke (rechts das Alte Museum). Stich von Ferdinand Berger nach Zeichnung von Karl Friedrich Schinkel

ben führt vom Kupfergraben zur Spree an der Orangerie entlang.

▲ Moabiter Werder: ein ehemaliges Speditionsgebäude auf dem Güterbahnhof nutzt heute die Anne-Frank-Grundschule

Der Handel über die Wasserwege nimmt auch in Preußen immer weiter zu. In der ehemaligen Orangerie werden vor allem Waren zwischengelagert, die zur Ausfuhr aus Berlin bestimmt sind. Die Bäckerinnung lässt später am Kupfergraben ein Mehlhaus errichten, um eintreffende Mehllieferungen zu wiegen und einzulagern. Diese stapelten sich zuvor im Freien. Die an den Gebäuden entlangführende Straße heißt Neue Packhofstraße, danach Am Neuen Packhofe, es ist die heutige Bodestraße. Der alte Packhof wird erst in den Jahren 1826 bis 1831 abgerissen, da an diesem Ort die von Friedrich Wilhelm III. gegründete und von Karl-Friedrich Schinkel geplante Berliner Bauakademie entstehen soll.

Unweit des zweiten Packhofs errichtet Schinkel wegen des ansteigenden Warenumschlags 1829 bis 1831 ein neues Zollabfertigungsgebäude, den dritten Packhof. Auf einem Grundstücksstreifen entlang des Kupfergrabens entstehen verschiedene Gebäude und Anlagen: ein fünfstöckiger Speicher auf quadratischem Grundriss, ein Wohnhaus mit Büro für den Generalsteuerdirektor und eines für den Packhofdirektor. Im Jahr 1834 kommt am Ende eines Stichkanals ein Salzmagazin hinzu. Schiffe können so von der Spree aus bis zur Mitte der Museumsinsel gelangen. Schinkel entwirft ebenfalls drei Kräne, die schon damals einen schwenkbaren Ausleger besitzen. Der Kommunikationsgraben wird zugeschüttet – auf der gewonnenen Fläche wird das Königliche Museum (heute: Altes Museum) errichtet. Der neue Packhof existiert in Teilen bis ins Jahr 1938.

Nach und nach wird er jedoch – vor allem wegen des fehlenden Eisenbahnanschlusses – von dem auf dem Moabiter Werder gelegenen Packhof ersetzt. Auch muss die bestehende Packhofanlage dem Bau des Bodemuseums (1898-1904) und des Pergamonmuseums (1907-1909) weichen. Sein Nachfolger entsteht in den Jahren 1883 bis 1886 zwischen der Stadtbahn und der Spree, nicht weit vom 1869 gebauten Lehrter Bahnhof entfernt. Dort existiert bereits seit 1881 der zugehörige Freilade- und Zollbahnhof (später Güterbahnhof Spreeufer), der bis 1980 besteht. Die Spree wird kanalisiert, ihre Ufer aufgeschüttet, um den Warenumschlag vom Wasser auf die Schiene zu ermöglichen. Heute erinnern die Ufer des Spreebogens an diese Zeit, denn die Parkanlage mit Cafés hat die alten Uferwege und -befestigungen integriert. Die Packhofanlage enthält ab 1883 ausgedehnte Lagerräume (17 000 Quadratmeter) für die zollfreie Niederlage und für an Kaufleute zu verpachtende Teilungslager. Außerdem findet auf dem Packhof in erheblichem Umfang ein abgehender Verkehr von Spiritus und Spirituosen statt, bei dem die Konsumsteuer rückvergütet wird. Die Anlagen müssen das Ent- und Beladen der Spreekähne, der Eisenbahnwaggons und der Landfuhrwerke bewältigen. Die mit der Bahn auf dem Moabiter Werder angelieferten Stückgüter werden im Nordflügel aus den Wagen auf die Ladebühnen hinübergerollt. Sie werden im nördlichen Langflügel und der nördlichen Revisionshalle abgefertigt und danach in die Stadt gebracht. Kräne heben die schwereren Stücke. An der 200 Meter langen Wasserseite können vier Kähne gleichzeitig entladen werden. Kräne bringen die Ware auch in den Südflügel des Niederlaggebäudes und die südliche Revisionshalle. Die mit Bahn und Landfuhrwerk ankommenden Spiritusfässer werden abgefertigt und vom Spiritushof mit Kränen auf die Kähne verladen. Nach dem Zweiten Weltkrieg ist die Anlage bis auf einen Erweiterungsbau weitgehend zerstört. Das frühere Spiritus-Gebäude und spätere Casino des Packhofs wird zum Restaurant Zollpackhof umgebaut. Ein Erweiterungsbau des ehemaligen Packhofs gehört heute zur Feuerwache Tiergarten.

RAINER RÖPER VORSTAND STIFTUNG MUSEUMSHAFEN BERLIN

Mein Großvater hat 1926 ein Schiff gekauft, das ich immer noch besitze. Ich bin Jahrgang 1954, bin also zwischen 1960 und 1970 zur Schule gegangen. Das war die Zeit, wo die traditionelle Schifffahrt mit einem Schlepper, der etwa sechs Güterschleppkähne ohne eigenen Antrieb durch Kanäle und Flüsse schleppt, abgelöst wurde. Danach kam die modernere Schubschifffahrt, die Anfang der 1960er-Jahre begann, eigentlich auch um Personal zu sparen. Man konnte sich vier Einheiten etwa gleicher Größe vorspannen, und die wurden dann geschoben. Und man hat auch Kraft gespart, da die Schiffe zum Beispiel in den Schleusen nicht mehr von Hand bewegt werden mussten. Ein Großteil dieser Schiffe wurde motorisiert.

Ich habe in meiner Schulzeit und Jugend erlebt, wie das Gros der Schiffe gerade zu DDR-Zeiten in den Schrott gegangen ist, weil man die Schiffe nicht motorisieren konnte. Dann gab's in Niederlehme eine kleine ehemalige Werft, die hat mit ein, zwei Leuten abgewrackt. Und die haben jeden Monat ein Schiff mit dem Brenner zerschnitten. Das haben die ungefähr 30 Jahre gemacht. Da hab ich gesagt, man müsste mal einen Schleppzug retten.

Den Gütertransport habe ich in meiner Kinderzeit und Jugend noch in der Schleppschifffahrt miterlebt, aber die Motorschifffahrt habe ich schon nicht mehr mitgemacht. Die traditionelle Schifffahrt, wie meine Großeltern sie betrieben haben, ist dann eigentlich zu Ende gegangen. Wir haben im Sommer 1968 die letzten Fahrten gemacht. Mein Vater hat zu mir gesagt, die Schifffahrt hat keine Perspektive, lern' einen vernünftigen Beruf, Schiffer kannst Du immer noch später machen. Ich habe dann Elektromechaniker gelernt, habe auch zehn Jahre in dem Beruf gearbeitet und bin über Erwachsenenqualifizierung noch einmal zur Schifffahrt zurückgekommen und habe nach der Wende mit den Papieren als Facharbeitermatrose der Binnenschifffahrt bzw. Schiffsführer seit Mitte der neunziger Jahre bis heute Fahrgastschiff gefahren. Nach der Wende haben wir diesen Verein gegründet, in dem ich mit der Erhaltung und Restaurierung von Schiffen beschäftigt bin.

Mein Vater ist noch überall in verschiedenste Schulen gegangen. Er erzählt manchmal von Hamburg, wo sie dann auch längere Zeit lagen oder das Schiff über Jahre als Lagerraum vermietet wurde. Im Krieg wurde die Schifffahrt wieder wichtig, dann sind sie wieder in Fahrt gekommen. Das Schiff hat die ganze Weltgeschichte miterlebt, die Kriege und die Weltwirtschaftskrisen. Viele Schiffe haben die Zeit nicht überstanden.

Die Ein- und Ausladezeiten dauerten Tage und Wochen, alles ging per Hand. Dann sind die Kinder dort zur Schule gegangen, wo sie waren, in Hamburg oder Osnabrück. Mein Großvater ist noch vom Rhein bis zur Memel auf Binnenwasserstraßen gefahren. Und mein Vater ist auch fast so weit gekommen. Und ich habe noch das Gebiet zwischen Elbe und Oder kennengelernt.

Die Schifffahrt ist ein großes Dorf gewesen. Jeder kannte jeden. Meine Mutter war nicht aus der Schifffahrt, sie war nach 1945 ein Flüchtlingskind. Die musste sich das anlernen, ist mitgefahren und war der zweite Mann, die zweite Frau, musste den Matrosen ersetzen. Das hat auch nur so lange funktioniert, bis wir Kinder schulpflichtig wurden. Das ist heute genau das gleiche Problem. In meiner Schulzeit gab's Schifferkinderheime, wo die Schifferkinder zur Schule gegangen sind. Ich hatte das Glück, dass ich bei meinen Großeltern in Zerpenschleuse am Finowkanal zur Schule gehen konnte. Ich bin in sämtlichen Ferien und jeglicher Freizeit gerne auf dem Kahn mitgefahren und bei meinen Eltern gewesen. Neunzig Prozent der Jungs, die aus der Schule gekommen sind auf Dorf, die sind auf Schifffahrt gegangen. Das waren alles Schifferdörfer.

Bis im Alter von sechs Jahren war ich sowieso auf Schiff. Ich war faktisch mit dem Brustgeschirr am Anker angebunden. Die Leine reichte gerade bis zur Bordwand. Meine Mutter musste steuern und konnte nicht laufend aufpassen. Mit einem Bootshaken, der extra für mich kleingemacht wurde, bin ich im Alter von 5, 6 Jahren durch die Gegend gerannt und hab' sozusagen das Schiff mitbewegt. Das Beibootfahren habe ich mit sechs Jahren gelernt, und mit sieben Jahren habe ich aber erst schwimmen gelernt. So durfte ich dann allein mit dem Beiboot fahren. Ich wäre auch zweimal fast ertrunken.

Humboldthafen

Mit dem Bau des Berlin-Spandauer Schifffahrtskanals in den Jahren 1848 bis 1859 entsteht in nur zwei Jahren Bauzeit der Berliner Humboldthafen. Der Kanal verkürzt den Weg zwischen Berlin und den östlichen Landesteilen Preußens in Richtung Finowkanal um sechs Kilometer. Nach dem Bau des Hafens folgen die sich anschließenden Ladestraßen am Kronprinzenufer und am Friedrich-Karl-Ufer. Der Humboldthafen liegt nördlich des Spreebogens neben dem Hauptbahnhof und wird von der Stadtbahntrasse überquert. Er verbindet die Spree mit dem Kanal und umfasst Ladestraßen und Lagerflächen. 1875 wird der Hafen durch die Stadt Berlin vom preußischen Staat übernommen. Städtische Anlagen besitzt anfangs nur das östliche Alexanderufer. Um 1900 befindet sich im Humboldthafen die einzige öffentliche Umschlagstelle, hier wird Heu umgeschlagen. Die Stadt Berlin errichtet eine eingeschossige Lagerhalle. 15 Schiffe von 65 Meter Länge oder 22 Finowkähne von 40 Meter Länge können gleichzeitig abgefertigt werden. Jahrzehntelang gilt der Humboldthafen als der »Kaufmanns-

▲ Umschlag unweit des »Kaufmannshafen«, am heutigen Bettina-von-Arnim-Ufer

▶ Per Seilzug wird ausgeladen, hinten die Moltkebrücke, um 1910

Oben Ladestraßen an der Spree, rechts Humboldthafen und links Lehrter Bahnhof (heute Hauptbahnhof), um 1910

Schubverband am Humboldthafen, im Hintergrund der zerstörte Lehrter Bahnhof, 1947

Holztransport-schiff, 1928

Holzverladung auf der Spree, um 1930, links die Hugo-Preuß-Brücke

Ausstellungsgebäude und Lehrter Bahnhof, Schleppkähne um 1900

Neues Stadtquartier am Humboldthafen

hafen« Berlins, in ihm wird vor allem Stückgut entladen. Er ist direkt mit den Güterbahnhöfen des Hamburger und Lehrter Bahnhofs und dem Neuen Packhof verbunden. Vom Humboldthafen und dem benachbarten Kronprinzenufer siedeln Berlins Eilschifffahrts-Reedereien im August 1927 zum dritten Westhafenbecken über.

1945 wird der Hafenbetrieb eingestellt, die Gegend um den Humboldthafen verfällt für Jahrzehnte in einen »Dornröschenschlaf«. Um den Osthafen zu entlasten, wird 1949 der östliche Teil des Hafens von der Osthafendirektion mit übernommen. Hier soll der Umschlag von Holz aus Norddeutschland und von Baustoffen geschehen. Das Alexander- und das Friedrich-Karl-Ufer werden aufgeräumt und Kräne aufgestellt, denn für die Baustoffe reichen Freilagerplätze aus. Am westlichen Ufer des Hafenbeckens verläuft die Sektorengrenze. Durch den Mauerbau liegt das Gelände direkt an der Demarkationslinie zwischen Ost und West. Nach der deutschen Wiedervereinigung wird der Hafen zunächst als Lagerstätte genutzt. Danach rückt er durch den Bau des neuen Hauptbahnhofs wieder in das öffentliche Interesse. Am Wasser gleich nebenan entsteht ein öffentlich zugängliches Viertel mit Arkaden, Stegen, hochwertigen Büro- und Wohnhäusern neben Hotels und Restaurants. In den Jahren 2008 bis 2013 werden die sechs Meter hohen Uferwände größtenteils erneuert und mit Sandsteinplatten verkleidet.

Schöneberger Hafen

Der Hafen in Schöneberg liegt am Landwehrkanal zwischen der Köthener und der Schöneberger Straße. Heute befindet sich auf dem ehemaligen Hafengebiet der Mendelssohn-Bartholdy-Park. Schon als der Landwehrkanal in den Jahren 1850 bis 1852 angelegt wird, entsteht der Hafen mit einem Gleisanschluss. Die Schiffe nutzen ihn als Wendestelle und er dient als Verladestation zwischen Kähnen und Eisenbahn. Am heutigen Gleisdreieck

verlaufen die Schienenstrecken der Potsdamer und der Anhalter Bahn. Um das Hafenbecken mit den Maßen 130 mal 90 Meter befinden sich Ladestraßen, Bahnrampen und Lagerflächen. Ein Handkran ermöglicht Entladearbeiten. Es gibt eine Zentesimalwaage mit Wiegehäuschen der Kohlengroßhandlung Berger & Kulp,

▲ Elektrisch betriebener Ziegelverladekran am Hafenplatz

Schöneberger Hafen um 1920, heute verfüllt und begrünt

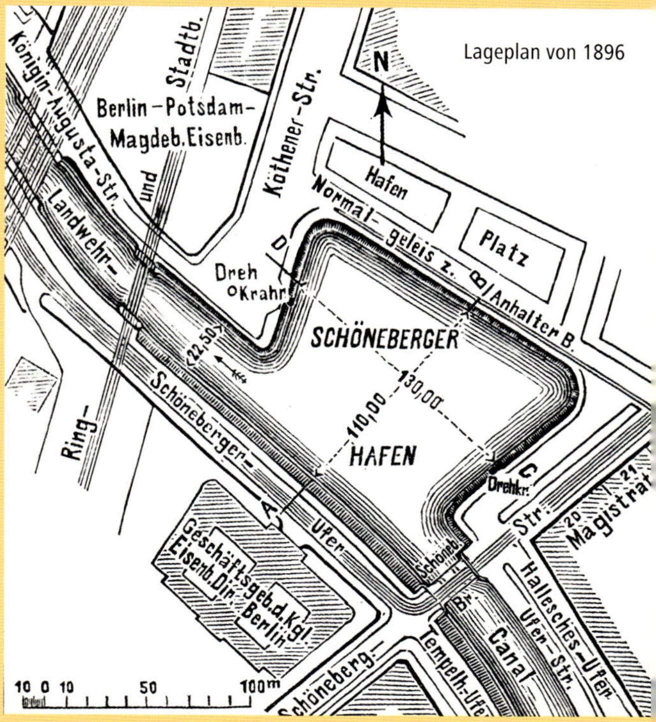

Lageplan von 1896

Einst Schöneberger Hafen, heute grenzt ein Wohngebäude an den Hafenplatz.

zwei Kräne und Buden der Berliner Mörtelwerke, ein Kran und eine Bude der Ziegeltransport AG und ein Kohlengleis der Reichseisenbahn. Doch der Hafen ist schon bald zu klein und in seiner Ausstattung unzureichend. Der rasante Ausbau der Stadt erfordert immer größere Schiffsladungen, mehr Platz an den Kais und schnellere Umschlagzeiten. Die Zahl der Anlegeplätze ist zu gering. Der Entladebetrieb weitet sich auf den gesamten Landwehrkanal aus und stört den Durchgangsverkehr. Der Hafen gehört außerdem dem preußischen Staat. Der in den 1890er-Jahren angelegte, nur einige Kilometer entfernte städtische Urbanhafen soll daher Abhilfe schaffen.

Im Zweiten Weltkrieg wird der Schöneberger Hafen schwer getroffen. Nach Kriegsende arbeitet auf dem Gelände eine Trümmeraufbereitungsanlage für Ziegelsplitt. Sie nimmt Ende 1949 als eine von drei Anlagen in West-Berlin ihren Betrieb auf. Noch bis ins Jahr 1955 werden Trümmer als Baustoff verwertet. 1960 schüttet man den Schöneberger Hafen mit 45 000 Kubikmeter Sand zu, der aus U-Bahn-Baustellen an der Föhrer Brücke in Wedding und in Britz stammt. Es entsteht ein Uferabschluss zum Landwehrkanal. Eine 125 Meter lange Spundwand trennt den Hafen vom vorbeifließenden Landwehrkanal. Der Park wird 1967 fertiggestellt. Heute führt die Uferstraße Hallesches Ufer über das frühere Hafengelände, an den Hafen erinnert noch die Straße »Hafenplatz«.

Nordhafen

Durch die Ausbaggerung eines alten Fenns (an der heutigen Fennstraße) entsteht der Nordhafen in Moabit. Dort weitet sich der Berlin-Spandauer Schifffahrtskanal auf. Der Kanal wird in den Jahren 1848 bis 1859 gebaut, um den Schiffsverkehr auf der Spree zu entlasten und eine Verbindung zur Havel zu schaffen. 1856 beginnt der Bau des Nordhafens, der nach zwei Jahren seinen Betrieb aufnimmt. Das Hafenbecken mit Ladestraße und Freilagerflächen ist 250 Meter lang und 130 Meter breit. Anfangs

existiert nur ein Kran der Berliner Mörtelwerke an der Ostseite. Am westlichen Ufer verlaufen zwei Stichgleise der Reichsbahn. Mit dem Nordhafen wird zunächst vor allem das städtische Gaswerk in Wedding und das Industriegelände um den Hamburger und Lehrter Bahnhof versorgt. In den Gründerjahren dient der Hafen weiter dazu, Baumaterial heranzuschaffen. Zeitgleich können 38 Schiffe mit 200 Tonnen Tragfähigkeit gelöscht werden. Für Entladearbeiten stehen ein Dampf- und ein Handkran pa-

▲ Franz Eichhorst: Schwimmende Händler im Nordhafen, 1906

Kräne am Hafenbecken zwischen Fennstraße und Am Nordhafen, um 1924

Blick über den Nordhafen Richtung Nordosten, 1935

Der Nordhafen wird seit 1966 nur noch durchfahren

Nordhafen-Vorbecken und früheres Umspannwerk Scharnhorst, heute Vattenfall-Haus

rat. Das Ufer des Hafens ist relativ hoch befestigt, da auch ein Hauptarm der Panke hier mündet. Dadurch gestaltet sich der Güterumschlag mühsam. Es sind nicht ausreichend Be- und Entladeeinrichtungen vorhanden. Wie auch der Schöneberger Hafen ist der Nordhafen bald zu klein. Die Fluss- und Kanalufer in Berlin und Charlottenburg entwickeln sich schließlich zu einer einzigen Entladestelle.

In der Nachkriegszeit trägt die Lage an der Sektorengrenze dazu bei, dass man den Hafen auflöst. 1952 wird zunächst die Ostseite stillgelegt. Dort entsteht ein Park, der 1953 an der Straße »Am Nordhafen« öffnet. Wegen seiner markanten Fontäne wird die Grünfläche auch »Weddinger Alster« genannt. 1966 schließt auch die Westseite, die Schrottverwerter erhalten neue Lagerplätze. Der in Sichtweite am Kanal stehende Kornversuchsspeicher hängt nicht mit dem Nordhafen zusammen. In ihm werden mit fünf Schüttböden und vier Silos verschiedene Lagerarten für Getreide untersucht. Heute wird der Nordhafen als Uferpark von der Kieler Brücke und der Fennbrücke begrenzt und von der Sellerbrücke überquert. Auf der Westseite des Berlin-Spandauer Schifffahrtskanals im Scheunenviertel mit dem dominanten Neubau des Bundesnachrichtendienstes ist entlang der Heidestraße die Europacity entstanden.

Urbanhafen

Die Kaimauern des Urbanhafens am Landwehrkanal sind viermal länger als die des Schöneberger Hafens. Erbaut in Berlin-Kreuzberg in den Jahren 1891 bis 1896 liegt er gegenüber der Einmündung des früheren Luisenstädtischen Kanals, der zur Spree führt und bereits 1926 zugeschüttet wird. Die Umgebung ist geprägt von Gasanstalten, Kasernen, Schulen und dem 1890 eröffneten Krankenhaus Am Urban. Mit dem Hafen emanzipiert sich die Stadt: Er ist nicht preußisch, sondern der einzige städtische (»urban«) Umschlagplatz. Für das Hafenbecken wird der rund 20 Meter breite Landwehrkanal auf etwa 145 Meter erweitert. Im Süden befindet sich eine trapezförmige Ladeinsel im Hafenbecken. Ein 22 Meter breiter Seitenkanal trennt die Insel, zu der eine Hubbrücke führt, von den Uferanlagen.

Der Urbanhafen ist jedoch für Schiffe über das Finowmaß hinaus ungeeignet. Auch besitzt er keinen Gleisanschluss und wegen seiner nur geringen Fläche keine Speicher. Bereits zu seiner Fertigstellung reicht er aufgrund des zunehmenden Schiffsverkehrs nicht mehr aus.

▲ Urbanhafen mit Gasanstalten, 1906: Heute sind der Kanal links und der Luisenstädtische Kanal (oben rechts) zugeschüttet

Seltenes Wintervergnügen im Urbanhafen

Ladeinsel im Urbanhafen, 1955

Urbanhafen, 1906

Nach nur drei Jahren Betrieb kommt es 1899 auf Druck der Berliner Kaufleute zu Planungen, zwei große Umschlagplätze mit Speichern zu bauen, einen im Westen und einen im Osten. Als der Luisenstädtische Kanal aufgegeben wird, verliert der Urbanhafen an Bedeutung. Bis ins Jahr 1944 ist er noch ein wichtiger Kohlenumschlagplatz für den Südosten der Stadt.

Das Gaswerk der englischen »Imperial Continental Gas-Association« ist das erste, das Berlin von 1826 bis 1918 versorgt. Es befindet sich auf dem heutigen Gelände des Sommerbads Kreuzberg in der Gitschiner Straße 18–31. Frachtschiffe liefern die Kohle an und fahren den erzeugten Koks sowie die flüssigen Produkte ab. Das 1847 gebaute Gaswerk Hellweg (II. Städtische Gasanstalt) östlich der Prinzenstraße (heute: Böcklerpark) schränkt das englische Monopol ein. Dieses Gaswerk existiert bis 1922 und stellt den Beginn der Städtischen Gaswerke AG (GASAG) dar.

Seit Kriegsende wird im Urbanhafen fast nur noch Schrott verladen. Die meisten Kähne fahren ins Ruhrgebiet, wo die Ladung in die Hochöfen wandert. Viele Tonnen gelangen auch nach England. 1960 wird der Urbanhafen geschlossen, der Kohlengroßhandel siedelt zum Viktoriaspeicher um. Das Hafenbecken wird aufgefüllt und der Seitenkanal zugeschüttet. Dadurch vereint sich die Ladeinsel mit dem Südufer. Dort steht seit 1970 der Neubau des Krankenhauses. Die früheren Ladezonen bilden eine Uferpromenade mit einer Grünanlage. Die heute noch anliegenden Schiffe dienen ausschließlich der Gastronomie.

Osthafen

Für den Osthafen in Friedrichshain wird schneller geplant als für den Westhafen. Denn der Stadt Berlin gehört schon überwiegend ein Gelände an der Stralauer Allee. Es liegt unweit der großen Industriebetriebe in Treptow, Friedrichshain und Oberschöneweide. Auf der anderen Flussseite mündet der Landwehrkanal

in die Spree, und es existiert ein Anschluss an das Schienennetz. Der Stadtbaurat für Tiefbau Friedrich Krause legt 1899 einen ersten Entwurf für den Osthafen vor, 1907 können die Bauarbeiten beginnen. Die Spree wird auf einer Länge von 1,4 Kilometer für die Kaimauer begradigt. Hinter ihr entstehen ein achtgeschossiger Getreidespeicher, zwei symmetrisch angeordnete Lagerhäuser, dazwischen ein Verwaltungsgebäude und eine Kantine, es gibt ein eigenes Elektrizitätswerk. Der Osthafen eröffnet 1913 und bietet 28 000 Quadratmeter gedeckte Lagerräume für 47 000 Tonnen und 13 000 Quadratmeter Freilagerfläche für Kohle,

▲ Getreidespeicher des Osthafens, um 1914

Handelsgüter und Ziegel. An den Kais können bis zu vierzig Schiffe mit je 600 Tonnen Tragfähigkeit festmachen (oder 76 Finowkähne). Zwischen einem Wohngebiet und einem von Ausflugsbooten viel befahrenen Spreeabschnitt gelegen, gestaltet Krause die Fassaden auf besondere Weise. Den Getreidespeicher zieren Reliefplatten, die Schiffs-, Transport- und Hafenarbeiter darstellen. Die Kühltransit AG Leipzig errichtet 1928/29 im Osthafen das größte Kühlhaus Europas. In neun Geschossen können 75 Millionen Eier gelagert werden. Helle, bunte Klinker formen große Rautenmuster an der Fassade. In den 1970er Jahren erhält das sogenannte »Eierkühlhaus« außen eine zusätzliche Wärmedämmung. Nun sollen Temperaturen bis minus 24 Grad Celsius erreicht werden, gelagert werden dort tiefgekühlt auch andere Produkte.

Im Zweiten Weltkrieg dient der Hafen auch als Güterumschlagplatz der Wehrmacht. Auf dem Areal arbeiten mehr als 150 Kriegsgefangene und Fremdarbeiter. Nach Kriegsende sind etwa 80 Prozent der Hafengebäude und des Geländes zerstört.

Die Rote Armee besetzt am 24. April 1945 den Osthafen. Die Vorräte werden als Beutegut beschlagnahmt, in Kähne verladen und abtransportiert. Die Besatzungsmacht nutzt bis 1947

▲ Eisenbahngleise führen bis in den Osthafen, um 1913

auch große Flächen des Getreidespeichers, die Lagerhäuser I und II sowie das Verwaltungs- und Wirtschaftsgebäude. Umgeschlagen werden statt Massengütern Reparations- und Demontagegüter. Maschinen aus ganz Berlin (aus dem Osthafen beispielsweise die fahrbare Verladebrücke) werden für den Transport in die Sowjetunion verpackt. Der Hafen dient zu 80 Prozent diesem Zweck, aber auch dem Umschlag dringend benötigter Lebensmittel sowie von Papierrollen aus Sachsen. Russische Handelsgesellschaften nutzen den Osthafen, um ihre in Deutschland gekauften Waren abzutransportieren. Auch die Binnenschiffe geraten ins Visier der Militäradministration. Ist die Schiffswand mit einem »T« (»Transport«) bemalt, kann es in der Stadt bleiben. Ein aufgemaltes rotes »K« bedeutet »Königsberg«, und dass das Schiff beschlagnahmt ist.

1948 wird »im Zug der Getreidelieferungen aus der Sowjetunion« der Osthafen ausgebaut und das Personal aufgestockt. Man arbeitet in Tag- und Nachtschichten und erreicht Rekordleistungen. Später wandelt sich der Osthafen in einen Kohlenumschlagplatz. Güterzüge aus dem Senftenberger Braunkohlegebiet werden in Königs Wusterhausen in Schiffe entleert für die letzten 20 Kilometer bis zum Osthafen. 20 000 Tonnen Kohle lagern im Hafen, um im Notfall die Industrie und öffentliche Einrichtungen zu versorgen. Mehr und mehr gehen jedoch die Kohletransporte

wegen der vielen Heizungsumstellungen in Ost-Berlin zurück.

Durch die Teilung Berlins löst sich der Osthafen im Dezember 1948 aus der BEHALA heraus und firmiert fortan als »VEB Behala – Osthafen«. Ausschließlich über den Osthafen wird die östliche Stadthälfte weiterhin versorgt. Im Oktober 1949 übernimmt die Deutsche Wirtschaftskommission (DWK) die Behala-Ost. Die DWK ist die zentrale deutsche Verwaltungsinstanz in der Sowjetischen Besatzungszone und hat regierungsähnliche Funktionen. Doch es fehlt an Material und an Geld, der Aufbau des nun volkseigenen Betriebs kommt nur langsam voran. Zur Vorratshaltung von Getreide muss das Haupternährungsamt auch Schulen, Tanzsäle und ähnliche Gebäude nutzen. Im Lagerhaus I stauen sich die verschiedensten Lebensmittel, im Lagerhaus II lagert Papier. Das Freilager II dient dem Kohlehandel. Hier kommen die meisten Ladungen mit oberschlesischer Steinkohle an, die in die Gas-, Wasser- und Elektrizitätswerke Ost-Berlins weitergeleitet werden. Ein Schiff aus Polen braucht sechs bis acht Wochen, bis es im Osthafen eintrifft.

Die Ost-West-Verbindungen sind unterbrochen, es gibt keine Anbindung mehr an einen eigenen Seehafen: Stettin wird zu

◀ Schiffer, stakend vor der Oberbaumbrücke, 1931

▲ Rinder, Weisskohl – der Osthafen verbindet Berlin mit dem Umland

Szczecin, und Rostock ist nur auf dem Seeweg zu erreichen. Ost-Berlin selbst bleibt neben dem Osthafen nur ein Teil des Humboldthafens und ein Drittel der städtischen Wasserstraßen. Ab Juli 1950 leitet eine Frau, Else Lademann, den defizitären Osthafen. Unter ihrer Regie arbeitet er nach fünf Jahren rentabel, der Umsatz steigt auch durch effiziente Krananlagen auf das Fünffache, trotz einer fast halbierten Belegschaft.

▲ Osthafen, Motorgüterschiff »Berlin« mit einer Ladung Zucker aus Genthin, Dezember 1954

Nach dem Mauerbau entwickelt sich der Osthafen zum Sperrgebiet mit streng kontrolliertem Zugang. Durch die Sperranlagen geht wertvolle Lagerfläche verloren. Bei der Personalauswahl muss die Grenzlage berücksichtigt werden. Die BEHALA-Mitarbeiter benötigen Grenzausweise. Sie verpflichten sich als Helfer der Grenztruppen, um mögliche Fluchtversuche aufzudecken und zu vereiteln.

Die Grenze wird immer mehr abgesichert. Vor dem Getreidespeicher und auf dem Kühlhaus entstehen Wachtürme. Der Dachboden wird versiegelt, die Türen verschlossen. Abends

darf nicht mehr an der Kaimauer gearbeitet werden. Eine Unterwassersperre, mehrere 2,50 Meter hohe Holzrahmen, die mit einem Stacheldrahtnetz bespannt sind, werden mitten auf der Spree an den Pfeilern eines eisernen Anlegestegs verankert und sollen jede Flucht durch den Osthafen verhindern. Der Steg, den man heute noch von der Elsenbrücke aus durch das Wasser verlaufen sieht, bildet die eigentliche Grenzsicherung nach West-Berlin. Auf ihm patrouillieren die Grenzsoldaten und regeln die Zollangelegenheiten. Dort befindet sich auch ein Wachturm und es machen die Grenzboote fest. Der Steg ist 480 Meter lang, fast zwei Meter breit und steht auf 258 Stahlbetonpfählen. Außerdem gibt es einen kurzen Zugangssteg. Längst verschwunden sind der Wachturm und die Lichtmasten, ebenso der nördliche Teil der Anlage. Der Steg war 1962 als Folge der spektakulären Flucht des Motorschiffs »Friedrich Wolf« errichtet worden. Die im Flussbett verankerte Sperre verläuft bis in die Nähe

▲ Hafenpolizei im Osthafen, der Hafenmeister prüft die Schiffspapiere, 1932

der Oberbaumbrücke und sperrt so den Zugang nach West-Berlin weiträumig ab.

Auch den Eisenbahntunnel auf dem Hafengelände untersuchen die Grenzsoldaten argwöhnisch. Die Waggons parken im Tunnel, bevor sie in den Hafen gezogen werden. In dieser Deckung könnte sich ein Republikflüchtling verstecken, befürchten die Offiziere. Wiederholt bedrängen die Grenzer die Hafenverwaltung, keine Waggons im Tunnel stehen zu lassen. Der Osthafen gilt als besonders gefährdetes Terrain, immer wieder kommt es zu Fluchtversuchen. Ein Flüchtling buddelt sich auf einem Kohleschiff ein. Jedes Schiff wird aber auf dem Weg nach West-Berlin untersucht, und ein Spürhund schlägt über dem Kohleberg auf dem Schubprahm an, der Flüchtende wird entdeckt. Schon die befahrbare Stralauer Allee vor dem Osthafen gehört zum überwachten Grenzbereich. Wer sich nachts als Fußgänger an der Hafenmauer entlang bewegt, wird kontrolliert.

Durch seine Lage im Grenzgebiet ist der Schiffsverkehr im Osthafen stark behindert. Seit dem Mauerbau ist West-Berlin für die privaten Schiffer ein Tabu. Es fahren nur noch volkseigene Schiffe hinüber mit ihren Ladungen. Wer von der Besatzung kein Visum besitzt, muss sein Schiff für die Durchfahrt durch West-Berlin am Marx-Engels-Platz an eine berechtigte

▲ Wachturm in der Spree, 1963: Ein Steg mit Unterwassersperre teilt Berlin

Besatzung abgeben und fährt mit der S-Bahn bis Hennigsdorf. Erst dort wird nach der Passage der Grenzübergangsstelle das Schiff wieder übergeben. Für die Privaten ergibt sich ein deutlicher Wettbewerbsnachteil: Wenn sie jetzt Ladung in Richtung Elbe fahren, müssen sie West-Berlin weiträumig umschiffen. Der Umweg dauert mehrere Tage.

Im Osthafen wird rund um die Uhr gearbeitet. Aber der Hafenbetrieb leidet unter der veralteten Technik, die meisten Kräne stammen aus der Vorkriegszeit. Als mit dem Wohnungsbauprogramm nach 1973 die neuen Außenbezirke entstehen, ist der Osthafen Hauptentladeplatz für die Baustoffe und Betonplatten, die per Schwertransport durch die Stadt fahren in Richtung Marzahn, Hohenschönhausen und Hellersdorf. Und auch Elemente zum Bau der Berliner Mauer kommen im Waggon am Osthafen an, werden gleich auf einen Militär-Lkw verladen und in die Grenzgebiete gefahren. Nach dem Mauerfall werden im März 1990 die Betriebe des VEB Binnenhafen Berlin (u.a. der Osthafen) in Kapitalgesellschaften umgewandelt. Der Osthafen wird ab Mai als Eigenbetrieb des Magistrats

▲ Der Osthafen kurz vor dem Mauerfall, August 1989

▲ Hafensymbolik an aufwändig saniertem Speicher

von Ost-Berlin geführt, der Geschäftsleiter der BEHALA im Westteil Berlins übernimmt auch die Geschäftsleitung des Osthafens. Mit dem Einigungsvertrag vom 30. August 1990 gilt der Denkmalschutz auch für den Osthafen. Nach der Vereinigung droht ihm »aufgrund der Wachstumsdynamik und der Finanznot Berlins der Abriss oder die totale Veränderung bis zur Unkenntlichkeit« (Schreyer, 29.9.1990). Der Hauptanteil von 75 Prozent der Berliner Güter wird auf Lastwagen und Güterzügen, nur 25 Prozent werden per Schiff umgeschlagen. Im Osthafen sind das fast ausschließlich Schüttgüter. Nach zwei Jahren wird der Osthafen 1992 in die BEHALA eingegliedert. Zwei Betonmischwerke siedeln sich an. Bis 1996 wird im Hafen gebaut, um ihn leistungsfähiger zu machen. Eine neue Kran- und eine neue Kaianlage entstehen, die das Hafengelände um 18 auf 65 Meter in die Spree hinein verbreitern. Damit wird die Freilagerfläche von 13 800 auf 18 000 Quadratmeter vergrößert.

Die BEHALA übernimmt im April 1993 den an das Land Berlin zurückgegebenen Getreidespeicher und im Januar 1994 das Kühlhaus im Osthafen. Wegen technischer Mängel wird dies jedoch schon im Juni geschlossen. Mit der Immobilienentwicklungsgesellschaft BOTAG (Bodentreuhand- und Verwaltungs-AG) wird im März 1995 ein Erbbaurechtsvertrag über beide Gebäude abgeschlossen. Beide Gebäude sind nicht mehr rentabel zu betreiben. Die denkmalgeschützten Speicher werden außen restauriert. Dem Getreidespeicher, der zuletzt dem Kombinat Getreidewirtschaft untersteht, fehlt seit Kriegsende ein Dachstück, am Kühlhaus werden die Dämmschicht und die weißbraune Wellblechverkleidung entfernt. Im Jahr 2002 sind beide Gebäude fertiggestellt.

Doch schon im Oktober des Vorjahres beschließt der Berliner Senat das »Hafenkonzept Berlin«. Der Osthafen soll bis 2007 schließen, für eine moderne Lagerhaltung würde er zu wenig Platz bieten. Außerdem wohnen nicht weit hinter der Kaimauer viele Menschen, denen mehr Staub und Lärm nicht zuzumuten sind. Schließlich wird der Hafenbetrieb eingestellt, nachdem der Mietvertrag des ansässigen Betonwerks endet.

Der Hafen verwandelt sich fortan zu einem Standort für Musik, Medien und Mode. Die BEHALA beginnt bereits kurz nach dem Mauerfall mit dem Verkauf von Grundstücken an die Meistbietenden. Im Sommer 2002 zieht der Musikkonzern Universal Music aus Hamburg in das sanierte ehemalige Eierkühlhaus. Nebenan, im »Spreespeicher« haben sich Kre-

▲ Der Osthafen in den 1990er Jahren

ativ-Agenturen und eine Golf-Simulationsanlage eingemietet. Der Musik- und Jugendsender MTV zieht im April 2004 aus München kommend in die sanierte Lagerhalle 1, in der Lebensmittel, Konserven und Papier lagerten. Rund um die Oberbaumbrücke und Warschauer Straße boomen im Ost-West-Fusionsbezirk Friedrichshain-Kreuzberg das Nachtleben und die Musikszene. In einem Masterplan sind auf dem BEHALA-Areal unter anderem ein 110 Meter hohes Bürohaus gegenüber dem Turm der Allianz-Versicherung und acht siebengeschossige Wohn- und Büroblöcke geplant. Diese neue Nutzung des Osthafens nennt sich Mediaspree und wird getragen von einer Standortentwicklungsgesellschaft aus sechs Investoren.

Gegen das Konzept für den Bau eines Medien- und Dienstleistungsviertels mit Bürohochhäusern formiert sich schnell Widerstand. Die Bürgerinitiative »Mediaspree versenken« initiiert unter dem Motto »Spreeufer für alle« einen Bürgerentscheid, bei dem 87 Prozent gegen die Pläne zur Spreeufer-Bebauung stimmen. Die Initiative fordert, dass Neubauten nicht näher als 50 Meter an das Spreeufer rücken und keine neuen Hochhäuser entstehen. Das Bebauungsverfahren wird im Dezember 2007 ausgesetzt. Zeitgleich beantragt die BEHALA Bauvorbescheide für fünf Grundstücke, was rechtlich zulässig ist. Das Bürgerbegehren kommt verwaltungsrechtlich rund drei Jahre zu spät, denn es existieren bereits rechtskräftige Bauvorentscheide. Auch zwei Bauanträge wurden bewilligt: Für das Modezentrum »Labels II« mit Modeschauen und -partys und für das 4-Sterne-Hotel »nhow«. Die Firma Labels, die bereits in einer mit MTV baugleichen Lagerhalle residiert, beginnt mit ihrem Bau im August 2008. Sie möchte eine ständige Plattform für die Modewirtschaft einrichten: ein Showroom-Zentrum

▲ Mediaspree, Entwicklung seit 2002

für die Fachwelt. Zwischen den alten Speichern und Lagerhallen plant die BEHALA insgesamt zehn Gebäude, dabei soll der Charakter der Hafenanlage erhalten bleiben.

Der Bezirksbürgermeister Franz Schulz (Grüne) erklärt nach dem deutlichen Sieg der Bürgerinitiative, er wolle den Willen der Anwohner berücksichtigen. Dieser sei aber nicht bindend. Ein Sonderausschuss aus Bezirk, Bürgerinitiative und Investoren sucht für das 180 Hektar große Entwicklungsgebiet zwischen Jannowitz- und Elsenbrücke nach einem Konsens. Betont wird nun die Bedeutung des »Experimentellen und Nicht-Kommerziellen, das Kreuzberg und Friedrichshain charakterisiert«, so dass »dauerhafte Interventionsorte« für die »Nischen der kreativen Szene« entstehen sollen. Der Bezirk Friedrichshain-Kreuzberg legt später fest, dass östlich der Oberbaumbrücke maximal 24 Meter hoch gebaut werden darf, also kein 90-Meter-Bau. Im November 2010 eröffnet das Designhotel »nhow« mit 300 Zimmern. Daneben zieht im März 2013 die Zentrale der deutschen Coca-Cola von der Friedrichstraße in den Osthafen. Bei dem Streit, der jahrelang an der Spree tobt, geht es um mehr als um das Flussufer. Es ist der Konflikt zwischen denen, die vom wirtschaftlichen Potenzial der Weltstadt profitieren wollen, und denen, die den Ausverkauf ihrer Kieze fürchten, zwischen Bürgern und Investoren, zwischen Bezirken und Senat, zwischen Partyvolk und Baugruppen.

Wer heute den Osthafen besucht, trifft auf den historischen Frachtkahn »Kurier« (1924), der als Theaterschiff genutzt wird. Am anderen Spreeufer sieht man das Betonwerk CEMEX mit Kran und Halden. Es lassen sich Solarboote mieten, Jugendliche steuern ein am Kai liegendes Hausboot an, das durch die Reality-Daily-Soap »Berlin – Tag & Nacht« berühmt wurde. Wiederum auf der anderen Spreeseite ankert das frühere Ausflugsschiff »MS Hoppetosse« (1928), das neben dem Badeschiff der Arena Berlin als Eventlocation dient. Etwas weiter im Wasser halb versunken und seit 1996 dort rostend: das frühere Fahrgastschiff »MS Dr. Ingrid Wengler« (1959), das nach finanziellen Problemen des Eigners nicht mehr zum Einsatz kam. Geschmökert wird heute bei Zigarren Herzog in der einstigen Hafenkneipe mit einem großen Humidor. »Osthafen« steht inzwischen auch für den Musikclub Ost, auf der anderen Seite der Elsenbrücke im ehemaligen Osthafen-Kraftwerksgebäude. Von 1995 bis 2005 war hier der Sitz der »sozialistischen Tageszeitung« Neues Deutschland.

▶ Am Viktoriaspeicher, 1974

▶ Verladebrücke am Viktoriaspeicher, 1967
Der Speicher wird bis heute als Lager vermietet

Viktoriaspeicher

Die BEHALA kauft im Juli 1929 den Viktoriaspeicher I für die Getreidelagerung, errichtet 1920-1922 an der Köpenicker Straße 20-26a in Kreuzberg. 20 000 Tonnen Lebensmittel können dort eingelagert werden. Der Getreidespeicher wird in jener Zeit bekannt, in der noch Pferdebahnen fahren. Der »Treibstoff« in Form von Hafer wird in dem etwas düster wirkenden Gebäude gelagert. Durch den Neuköllner Schifffahrtskanal auch mit den übrigen Gewässern verbunden, eignet er sich besonders für den Kohle-, Getreide- und Baustoff-Umschlag. 1937 wird zusätzlich das Gelände Köpenicker Straße 16/17 von der BEHALA erworben. Hier befand sich das im 19. Jahrhundert errichtete Proviantamt

BEHALA 61

der Garde du Corps mit Bäckerei und Lagerhäusern. Es entsteht 1938/39 der Viktoriaspeicher II. Eine zweistöckige Lagerhalle wird errichtet. Die »Hermann-Mühle« wird als Roggenmühle umgebaut – früher malte sie das Roggenmehl für die Kommissbrote. Schon vorhanden sind neben der Mühle ein moderner Getreidespeicher mit 8 000 Tonnen Lagerkapazität und ausreichende Mehllagerräume. Einer der Speicher ist in der Zeit des Nationalsozialismus von Herbst 1937 bis zum März 1939 Depot der Aktion »Entartete Kunst«. Insgesamt 16 558 expressionistische, dadaistische, surrealistische oder auch sozialkritische Werke und alle Arbeiten von Künstlern mit jüdischem Hintergrund werden als entartet eingestuft und beschlagnahmt. Die wichtigsten Werke der modernen bildenden Kunst besichtigen Adolf Hitler und Joseph Goebbels am 13. Januar 1938 im Speicher. Von Kreuzberg aus werden viele Kunstwerke devisenbringend ins Ausland verkauft. Mit der Auflösung des Depots wird der von den Nationalsozialisten als »nicht verwertbar« eingestufte Restbestand von rund 1 000 Ölgemälden und Plastiken sowie 3 825 Aquarellen, Zeichnungen und graphischen Blättern zerstört. Diese Werke sollen im Hof der Kreuzberger Hauptfeuerwache in der Lindenstraße verbrannt und zerschlagen worden sein.

Im Mai 1945 ist der Viktoriaspeicher weitgehend zerstört. In der Nachkriegszeit werden die bisher noch grundstücksmäßig getrennten BEHALA-Anlagen durch die Vergrößerung des Terrains mittels einer breiten Kaistraße am Spreeufer entlang miteinander verbunden. Die Kaimauer beträgt 200 Meter und stellt zugleich die Grenze zu Ost-Berlin dar. Dies sei mit ein Grund, warum viele westliche Schiffseigner diesen Güterumschlagplatz mieden. Die Kranbrücke für den Kohle-, Getreide- und Baustoffumschlag am Viktoriaspeicher II hat eine Stützweite von 65 Meter, eine Länge von 75 Meter und besitzt einen 5- bis 10-Tonnen-Drehlaufkran. 1958 kauft die BEHALA auch die Grundstücke 27–29. Nach der Erweiterung des Speichers I und der Umsiedlung des Kohlegroßhandels 1960 vom Urbanhafen nimmt der Gesamt-Wareneingang um fast das Dreifache zu. Der Speicher II ist der modernste seiner Art in Berlin: Die Getreidesauganlage holt in der Stunde 40 Tonnen Korn aus dem Laderaum der Lastkähne. Ein großer Autohof für etwa fünfzig Fernlastzüge sorgt dafür, dass die Güter sofort per Lastwagen weitertransportiert werden können. Er ist zugleich Gütersammelstelle, und die in Berlin ankommenden Laster erhalten hier Rückfracht für die Westzonen. Der Autohof ist mit einer Zapfstelle für Diesel und Benzin und einer Unterkunft für die Betreuung der Fernfahrer verbunden.

▶ Der Westhafen in den 1960er Jahren: Holzfässer auf dem Weg ins Lager

▶ Aus dem Schiffsbauch auf den LKW

Westhafen

Ein halbes Jahr nach der Eröffnung des Osthafens wird im März 1914 mit dem Bau des Westhafens begonnen, dem größten Hafen Berlins. In der Nähe liegen die Industrieviertel von Moabit und Martinikenfelde (Ludwig Loewe, AEG Turbinenfabrik Huttenstraße). Vor allem aber bilden der Westhafenkanal und der Berlin-Spandauer Schifffahrtskanal die Verbindung zu Spree und Havel. Für den Weitertransport der Güter mit der Bahn ist der Hafen über den Hamburger und Lehrter Güterbahnhof und den Güterbahnhof Moabit unter anderem an die Berliner Ring-

136

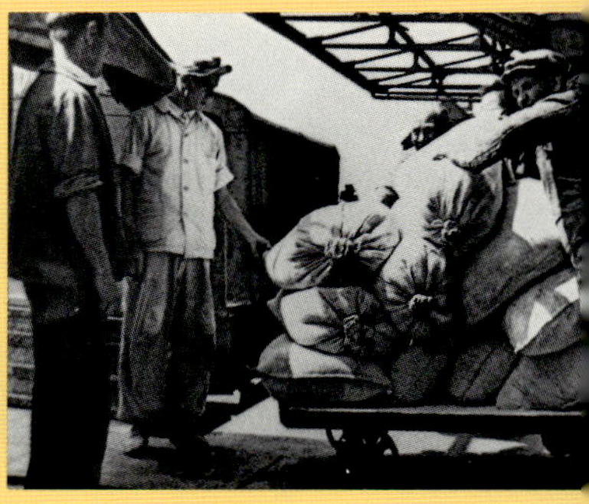

bahn angeschlossen. Auf dem späteren Gelände des Westhafens betreiben das Evangelische Johannesstift und das Magdalenenstift in einer parkähnlichen Anlage Einrichtungen der Diakonissenausbildung, der Kinder- und Armenfürsorge und wollen den Standort nicht aufgeben. Ein Jahrzehnt dauern die Kaufverhandlungen, bis der Johannesstift schließlich auf ein Ersatzgelände in Spandau wechselt.

Den Hafenbau erschwert die lange fehlende Genehmigung des Eisenbahnanschlusses, denn die Reichsbahn fürchtet die Konkurrenz. 1910 beginnt der Abbruch bestehender Gebäude, 1914 der Bau von zwei Becken, einem Verwaltungsgebäude, fünf Speichern und einem Casino. Der Ausbruch des Ersten Weltkriegs führt sogleich zu Verzögerungen. Erst am 3. September 1923 kann der Westhafen eröffnet werden. Entworfen hat ihn ebenfalls Stadtbaurat Friedrich Krause, die Fassaden aber gestaltete der Architekt Richard Wolffenstein. Repräsentativ zeigt sich das wie ein Rathaus wirkende Verwaltungsgebäude mit seinem weithin sichtbaren 52 Meter hohen Turm. Er enthält auch ein Wasserbecken, um die mit Dampf betriebene Hafeneisenbahn zu versorgen. Die Hochbauten werden mit schwarzbraunen Eisenklinkern verblendet.

Zu der Hafenanlage zählen zwei parallel angelegte Hafenbecken, ein zehngeschossiger Getreidespeicher (mit 30 000 Tonnen Fassungsvermögen), ein neungeschossiger Zollspeicher (28 000 Tonnen) für Importgüter wie Tee, Kaffee, Tabak und Weine, drei Lagerhallen und ein Arbeiterspeisenhaus (das spätere »Casino«). Hinzu kommt zwischen dem Südbecken und dem Hafenbahnhof eine Kohle-Umschlaganlage mit einer Lagerfläche für bis zu 10 000 Tonnen. 220 Meter lang ist die »Achterbahn«, über das riesige Stahlgerüst rasseln die Loren. Sie transportieren die Kohle von den Lastkähnen zu den Lagerplätzen. Der Güterumschlag wächst rasch an, von 1924 bis 1927 kommt es zu einer Erweiterung mit einem dritten Hafenbecken, neun weiteren Lagerhallen und einer Kaianlage am Berlin-Spandauer Schifffahrtskanal. Der Westhafen entwickelt sich mit einer Gesamtfläche von 433 000 Quadratmetern zu Deutschlands zweitgrößtem Binnenhafen (nach Duisburg). 150 Schiffe mit bis zu 2 000 Tonnen Ladung können gleichzeitig anlegen. Die nutz-

▲ Vor dem Zollspeicher, 1930

▲ Brikettverladung im Westhafen

▲ Hafenarbeiter »unter dem Sack«

▶ Kohleverladeanlage im Westhafen, 1968

BEHALA
15
14
13

bare Kailänge beträgt 3 750 Meter. Historische Aufnahmen zeigen einen hoffnungslos überfüllten Hafen, dessen Becken man überqueren kann, indem man über die unzähligen, dicht aneinander liegenden Frachtschiffe hinüberschreitet. Die Hafenkräne für Ladearbeiten laufen parallel zueinander auf Schienen beiderseits der Becken. Die letzten Kräne vor den Lagerhallen besitzen nur eine Schiene auf der Hafenstraße, die andere ist an den langen Gebäuden auf Höhe der ersten Etage festmontiert, was noch heute sichtbar ist.

▲ Ab 1971 beginnt der Gütertransport in Frachtcontainern

Durch die wirtschaftlichen Folgen des Ersten Weltkriegs ist die Auslastung des schon 1893 konzipierten Westhafens anfangs nicht gewährleistet. Bei seiner Eröffnung sind die Ein- und Ausfuhren der Berliner Häfen je um ein Viertel niedriger als noch zehn Jahre zuvor. Der Warenumschlag stockt. Es besteht in Berlin ein Überangebot an Lagerraum. Um die Hafen- und Lagerkapazitäten rentabler zu bewirtschaften, wird im Februar 1923 die BEHALA gegründet.

Der amerikanische Automobilhersteller Ford mietet im April 1926 die Lagerhalle II für die Montage seiner Autos an und beschäftigt bis zu 300 Mitarbeiter im Westhafen. Mit dem Modell »T« (»Tin Lizzy«) sollte Henry Ford die Welt ebenso verändern wie heute Elon Musk mit seinen Tesla-Modellen, die in Brandenburg gebaut werden.

Der Absatz der im Vergleich zu deutschen Modellen preiswerteren Ford-Automobile ist zu Beginn der 1920er Jahre in Deutschland stark gestiegen. Da die Einzelteile beim Import niedriger besteuert werden als fertige Autos, kann preisgünstiger verkauft werden. Die Einzelteile des Erfolgsmodells »T« und des Modells »A« kommen per Schiff über Hamburg aus Detroit. Rund 37 000 Ford-Autos werden im Westhafen montiert, in der Spitze täglich 64 Autos. Die Produktion endet im April 1931 und wird in das neue Werk nach Köln verlegt. Auch am Rhein war der Anschluss an einen Wasserweg entscheidend für die Standortwahl.

Mitte der 1930er Jahre wird mit dem Ziel einer autarken Versorgung im Kriegsfall das Reichsspeicherprogramm aufgelegt. Überall im Land entstehen neue Speicher. Der Zweite Weltkrieg beginnt, trotzdem errichtet die BEHALA 1939 bis 1943 ein imposantes Getreidesilo (30 000 Tonnen). Das Getreide ist in 87, teilweise 28 Meter tiefen wabenförmigen Zellen untergebracht, wird getrocknet und ständig überwacht. Um die Kornkäfer aufzufinden, sind in den einzelnen Waben in unterschiedlicher Höhe »Fernthermometer« an Seilen eingelassen. Sind nun in dem Getreide Käfer, verursacht ihre Wanderung Wärme. Durch Begasung, die für das Getreide und auch für Menschen unschädlich ist, können die Schädlinge abgetötet werden. Die Lagerung und Erhaltung des Getreides sind nicht einfach, denn das Getreide lebt. Es atmet während der Lagerung, indem es ständig Sauerstoff aufnimmt und Kohlensäure und Wasser abgibt. Das Getreide kann schimmlig oder muffig, also ungenießbar werden, oder sogar durch Verbrennung verderben. Diesen Gefahren begegnen unter anderem Durchlüftungs-, Trocknungs- und Kühlanlagen sowie Apparaturen, um es zu reinigen. Der Sog der Leitungen, mit denen das Getreide aus den Schiffen gepumpt wird, ist so stark, dass einmal der Hund eines Schiffers mit in den Silo gerät. Er überlebt.

Die zum Wehrdienst Eingezogenen werden seit März 1943 durch Zwangsarbeiter und Kriegsgefangene unter anderem aus der Ukraine und aus Italien ersetzt. Nicht wenige haben die strapaziöse Arbeit sowie die unmenschlichen Bedingungen in den Lagern mit dem Leben bezahlt. Die BEHALA beteiligt sich später mit anderen Ver- und Entsorgungsunternehmen Berlins am Entschädigungsfonds für ehemalige Zwangsarbeiter.

Durch Granatvolltreffer erleiden die Hauptspeicheranlagen im Krieg erhebliche Schäden. Die amerikanischen und britischen Besatzungsbehörden helfen dabei, sie zu beheben. Vollständig zerstört sind die Hallen 1a, b und c und die Hallen 4 bis 10 der Reedereien für den Stückgutverkehr. Insgesamt sind nach Kriegsende 60 Prozent der Hafenanlagen unbrauchbar. Von den 35 Kränen ist keiner mehr betriebsbereit. Durch unverständliche Demontagebefehle werden 12 wiederhergestellte Kräne auseinander geschweißt, verladen und gelangen als Reparationsgut in den Osten.

Das erste Hafenbecken dient dem Kohle- und Kiesumschlag, das zweite mit seinen großen Lagerhallen dem Lebensmittelumschlag und das dritte dem Stückgutverkehr. Vor 1945 werden in Berlin vor allem Kohle und Baumaterial befördert, jetzt auch Lebensmittel.

Der Westhafen ist auch der wichtigste Hafen für den Kohleeingang aus dem Westen. Von hier aus werden die Berliner Elektrizitätswerke durch die »Magistratsflotte« mit dem nötigen Brennmaterial versorgt. Die Alliierte Kommandantur hat sie am 25. Mai 1946 aus 26 Kähnen, vier Motorschiffen und fünf Schleppern bilden lassen. Eine Vereinbarung regelt die Freigabe für den Verkehr in der Stadt und in einem Radius von 50 Kilometern. Die Einfuhr von Kohle und die Ausfuhr von Schrott, damals die Hauptaufgaben des Westhafens, erledigen vor allem Schiffe aus der Bundesrepublik. Trotz der schwierigen Bedingungen durch die Blockade (Juni 1948 – Mai 1949) entsteht in Halle 11 ein modernes Lager für Speiseöl (500 Tonnen) mit zehn beheizbaren Tanks. Das Öl wird vor allem zu Margarine verarbeitet. Die Tankanlage wird aus allem möglichen gerade vorhandenem Material zusammengebaut: Aus früheren Milchtanks einer Meierei, aus Fliesen und eisernen Laufstegen des gesprengten Zoobunkers, aus der Dachkonstruktion eines früheren Industriebetriebes und aus Schiebern und Ventilen abgewrackter U-Boote. Vier Tage zu spät wird die Anlage fertig – die Blockade ist gerade beendet. Das Speiseöl-Lager wird von einem massiven Zaun umgeben, denn der Westhafen ist ein bei Dieben beliebtes Ziel. Auch Arbeiter erliegen beim täglichen Umgang mit Lebensmitteln und Kohle der Versuchung. So ist zum Feierabend in der Umkleide immer ein merkwürdiges Ritual zu beobachten, etwas Geheimnisvolles, Verbotenes: Nach dem Umziehen stehen die Mitarbeiter vor ihren Schränken und bewegen sich »bumsend« dagegen. Dabei machen sie die »Zampel« fertig. Ein Zampel ähnelt einer Schwimmweste, der als Leinensack um den Körper führt und einzelne Fächer und Röhren enthält. So zweigen Hafenmitarbeiter in den Lagern etwas für den Privatgebrauch ab. In selbstgenähten Taschen verschwinden ein paar Gramm Zucker, Mehl oder Reis. Mit der Weste unter der Kleidung kann die kleine Beute an den Kontrolleuren vorbei aus dem Hafen geschmuggelt werden. Damit die Weste mit der Ware gut am Körper anliegt, wird gegen die Schränke gestoßen. Neben den Mitarbeitern gibt es auch organisierte Banden, die den »Schwund« ins Unermessliche steigen lassen, sogar unter Einsatz eines U-Boots.

Über die Luftbrücke kommen etwa 25 Prozent aller nach Berlin transportierten Güter in den Westhafen. Als Folge der Blockade ist seine Lagerkapazität nur zu etwa 15 Prozent ausgenutzt. Die Ruhrkohle wird in Eisenbahnwaggons angeliefert, zum größten Teil sofort in Lastkähne umgeschlagen und zu den Elektrizitätswerken gebracht, ein kleiner Rest geht auf Lager. Vom Flugplatz Gatow kommend löschen die Lastkähne im Westhafen laufend ihre kostbare Fracht an »schwarzen Diamanten«.

Bis 1950 werden die Kriegsschäden beseitigt, nun wird der Westhafen für den trimodalen Umschlag zwischen Binnenschiff, Eisenbahn und Lastwagen weiter ausgebaut. Seit 1952 beginnt man damit, in acht Hallen die Senatsreserve für Krisenzeiten, also die Speisekammer West-Berlins anzulegen. Sie entsteht auf Anweisung der Westalliierten, um die Westberliner in einem erneuten Blockadefall rund fünf Monate mit Lebensmitteln, aber auch Kohle,

▶ Typisch für den Westhafen: die mit schwarzbraunen Eisenklinkern verkleideten Gebäude

BEHALA
WEST HAFEN

Benzin, Kleidung, Hygienemitteln und Medikamenten zu versorgen. Acht Meter hoch türmen sich in einer Halle Weizen und Roggen, in einer anderen Brenn- und Baustoffe. Die BEHALA beherbergt mit etwa 98 Prozent den größten Teil der Senatsreserve, der an 176 Lagerstellen untergebracht ist. Die weniger lagerfesten Bestände werden halbjährlich neu ergänzt, die alte Reserve gelangt auf den Markt.

Die Insellage West-Berlins wirkt sich hemmend auf die Hafenentwicklung aus. Die Güter werden nicht mehr im Hafen auf kleinere Fahrzeuge umgeladen und in Berlins weitere Umgebung oder nach Ostdeutschland verschifft. Stattdessen ist in Berlin nun Endstation, die Güter bleiben in der Stadt. Für diesen Güterumschlag ist der Westhafen mit 22 Kränen, einer großen Verladebrücke und Kohleförderbrücke ausgerüstet, dazu kommen noch die Sauganlagen für den Getreideumschlag. Aber aus dem Hafen- und Umschlagsbetrieb ist ein Lagereibetrieb geworden, das Hauptgeschäft ist die Ergänzung der Berliner Vorratsläger: 250 000 Tonnen Vorräte werden betreut.

▲ 37 000 Ford-Autos werden zwischen 1926 und 1931 im Westhafen montiert

Eine deutliche Verbesserung der Verkehrsanbindung bringt 1956 die Eröffnung des 2,5 Kilometer langen Westhafenkanals zwischen der Schleuse Charlottenburg und dem Westhafen. Der Schiffsweg aus dem Westen verkürzt sich um drei Kilometer, und jetzt können auch 1000-Tonnen-Schiffe in den Westhafen fahren. In den nächsten Jahren wird das Hafengelände erneuert: Es entstehen eine Kohleverladeanlage, ein Bürogebäude und ein Heizöltanklager.

▲ Der Westhafen: Trimodaler Umschlagplatz seit 1950

Mit seinen 160 000 Quadratmetern Lagerfläche (ca. 22 Fußballfelder) ist der Westhafen die größte Anlage dieser Art in Berlin. An manchen Tagen treffen bis zu zwanzig Kähne ein. 1959 werden zwei je hundert Meter lange fahrbare Verladebrücken installiert. Über sie läuft die Schwerlastkatze, die Güter bis zu 150 Tonnen Gewicht im Umkreis von 500 Quadratmetern heben und bewegen kann, da die Brücke selbst wiederum eine Strecke von über 180 Meter parallel zum Ufer bestreicht. Seitdem können auch besonders große und schwere Turbinen und Generatoren, für deren Ausmaße und Gewichte die Gleisanlagen, Brücken und Straßen längst nicht mehr ausreichen, transportiert werden. 1961 beginnt die Montage von zwölf Heizöltanks am verlängerten Becken III. Sie können bis zu vierzehn Millionen Liter leichten Heizöls mehrerer Mineralölhersteller für Privatfirmen aufnehmen. Berlin wird wiederaufgebaut, es entstehen neue Wohnungen und Industriebauten: 1963 geht der modernste und größte Zementsilo Deutschlands (14 000 Tonnen) in Betrieb. Der plastisch durchgebildete, funktionale Stahlbetonbau enthält 14 sechseckige Silos und einen freistehenden Aufzugturm. Bis 1965 werden die Bahnanlagen erweitert. In drei Stunden können bis zu 180 Waggons von der Reichsbahn angenommen, aussortiert, gewogen und mit der Hafenbahn dem benachbarten neuen Berliner Großmarkt (»Bauch von Berlin«) sortiert zugestellt werden. Später sollen täglich 150 Waggons über BEHALA-Schienen vor die Hallen rollen. Dafür wird der Westhafen-Bahnhof ausgebaut mit Ablaufberg, Gleisharfe und einer vollautomatischen, ferngesteuerten Gleiswaage. Doch dann kommt der Lkw-Boom, und so fahren am Ende täglich nur fünf Waggons zum Großmarkt – Hauptlieferant ist der Lkw. Im selben Jahr entstehen an Stelle der alten, 1919 erbauten Kohle-Verladeanlagen zwei hochmoderne neue Verladebrücken, die eine Schüttung der Kohle bis zur zwölf Meter Höhe erlauben.

Zu den größten »Pötten«, die den Westhafen ansteuern, zählen die mit dem Große-Kanal-Maß: 802 Meter lang, 9,50 Meter breit, Ladefähigkeit 950 Tonnen. Der Transport etwa von der ostfriesischen Hafenstadt Leer an der Emsmündung bis nach West-Berlin dauert fünf Tage. Die schweren Schleppkähne dürfen nicht schneller als neun km/h fahren, sonst können sie die Ufer beschädigen. Im Jahr 1962 kommen 2 787 321 Tonnen auf dem Wasserweg nach Berlin. Nur rund 430 000 Tonnen werden ausgeführt. 75 Prozent aller Schiffe treten also ihre Fahrt in die Bundesrepublik ohne Ladung an.

1971 beginnt der Container-Schiffsverkehr mit Bremen und Hamburg. Bisher läuft der Container-Verkehr nur über die Schiene und die Straße. Jedoch ist keine Container-Verladeanlage geplant, da Container nach dem Bau einer Anlage auf dem Lehrter Güterbahnhof im Hafen keine Rolle mehr spielen. Ein Jahr später beginnt in großem Umfang der Umschlag von Bauschutt und Bodenaushub, die im Stadtgebiet West-Berlins nur noch schwierig unterzubringen sind. In mehreren Abkommen mit der DDR wird eine Deponierung im Umland vereinbart. Die DDR-Binnenschifffahrt verbringt seit 1973 jährlich bis zu 3 Millionen Tonnen nach Deetz in Brandenburg. 1976 kauft die BEHALA ein Grundstück an der Nonnendammallee und errichtet dort bis 1978 eine Bauschuttanlage. Der Vertrag läuft bis 1994. Es sollen jährlich 2,2 Millionen Tonnen, die aus Stadtentkernung und Sanierung anfallen, verladen werden. Alle dreißig Minuten würden 400 Tonnen Schutt in die Prähme rauschen. Ab 1977 kann im Westhafen mit der Halle 11 mehr Getreide gelagert werden. Mit den weiteren Hallen 11a und Halle 12 besitzt die BEHALA 1988 das größte Getreidelager Berlins.

1981 geht ein 250-t-Bockkran in Betrieb, mit einer Spannweite von 27 Meter und einer Hubhöhe von 16,50 Meter. Mit diesem Kran können vor allem Großbetriebe wie Siemens, KWU, Borsig und AEG Turbinen, Generatoren und Großmaschinen die Reise in den Seehafen antreten lassen.

Nach der Wiedervereinigung wird im Jahr 1990 deutlich, dass die Bevorratung als Relikt des Kalten Krieges keinen Sinn mehr macht. Die nicht länger benötigten Vorräte sollen kostenlos an die Sowjetunion und die Dritte Welt abgegeben oder verkauft werden. Zusätzlich werden insgesamt 60 000 Quadratmeter Lagerfläche frei. In die geleerten acht Hallen des Westhafens ziehen 1992 insgesamt 14 Speditionsunternehmen ein. In den Jahren 1993 bis 1995 wird das alte BEHALA-Tanklager abgerissen. An seiner Stelle entsteht das größere und moderne Tanklager der Firma TWH Mineralölumschlag mit insgesamt acht Großbehältern, die bislang größte Investition eines privaten Investors.

Die BEHALA will ihre Kapazitäten erweitern, zumindest die Hallen 2 und 3 am mittleren Hafenbeckens abreißen. Zudem gilt ein Teil der Hafenanlagen als veraltet. Die schon vor dem Ersten Weltkrieg gebauten mehrstöckigen Lagerhäuser seien nur unter großem Aufwand zu bewirtschaften. Ihre Bauweise eignet sich nicht für den Einsatz moderner Hubwagen und Stapler. Die Krananlagen wurden für ei-

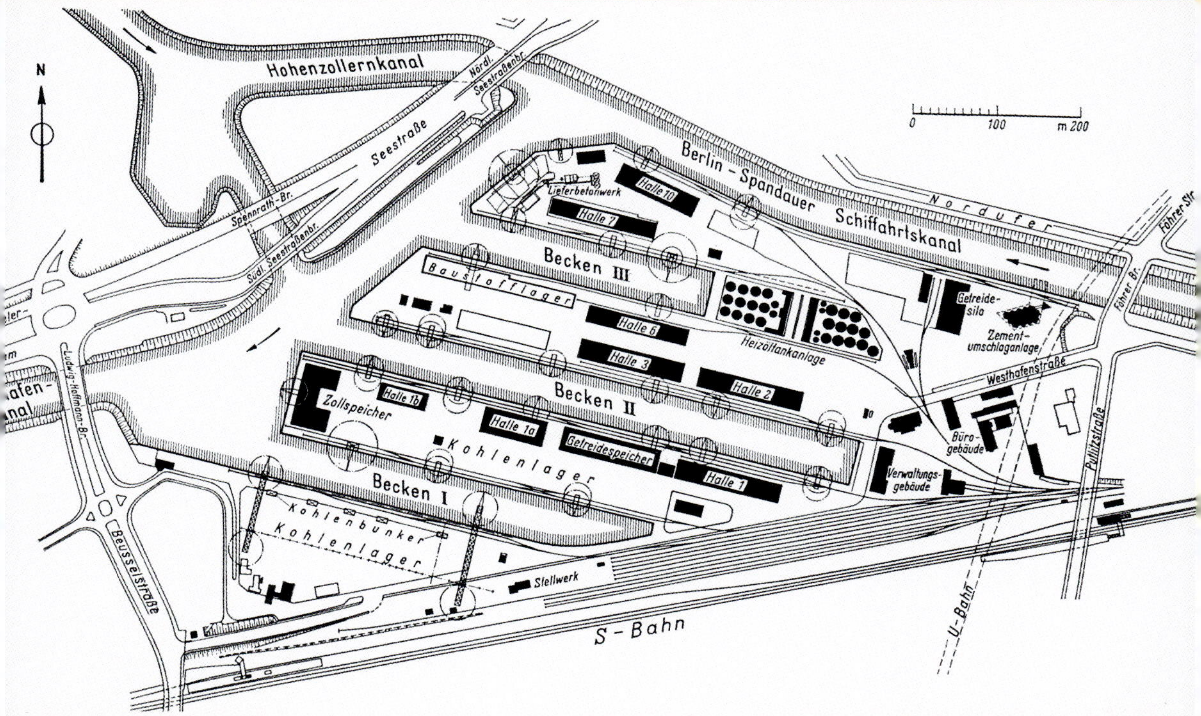

nen Stückgutbetrieb entwickelt, nicht aber für den inzwischen überwiegenden Umschlag von Massengütern. In den 1920er Jahren ging der Hafenarbeiter noch »unter dem Sack«, die menschliche Arbeitskraft stand im Vordergrund. 1995 wird ein Fünftel der Hafenfläche mit mehreren historischen Bauten, überwiegend am Mittelbecken, unter Denkmalschutz gestellt. In dem Becken haben heute Rundfahrtboote ihre Liegeplätze. Die BEHALA-Geschäftsführerin Petra Cardinal: »Ich hätte es als ein Verbrechen empfunden, die denkmalgeschützten alten Gebäude abzureißen. Der Denkmalschutz darf aber eine Entwicklung nicht vollkommen behindern. Es muss eine Abwägung geben, die einen Schutz von schützenswerten Gebäuden gewährleistet, ohne eine sinnvolle Nutzung für die Zukunft zu verhindern.« Die Gebäude bleiben bestehen und werden vermietet, unter anderem nutzt sie das Westhafen Event & Convention Center. In ihren Räumen finden etwa die Koalitionsverhandlungen der Ampel-Bundesregierung im November 2021 statt.

Die Lager der Hafenanlage nutzen vorwiegend die sechs ansässigen Speditionen, die aber nicht die günstige Anbindung an den Binnenhafen nutzen. Das Zementsilo wird zur Zwischenlagerung von Flugasche aus dem Kraftwerk Reuter-West und aus Polen genutzt. Der Leiter der BEHALA-Logistik, Klaus-Günter Lichtfuß: »Im Winter wird sehr viel Flugasche produziert, weil da natürlich die Kraftwerke laufen. Aber dann brauchen sie die Flugasche

▲ Lageplan des Berliner Westhafens, 1967

sehr wenig in der Betonindustrie, weil die Bauindustrie dann nicht auf Hochtouren läuft. Das ist eher im Sommer der Fall. Also geht's hier im Winter immer rein ins Silo. Dann geht's im Sommer raus. Und so läuft das jedes Jahr.«

Ein Gutachten im Auftrag des Denkschutzamtes stellt fest, dass immer noch gut zwei Drittel der 33 Hektar Landfläche entwickelt werden könnten. Die früheren Lagerflächen für Silos, Tanks und Halden (rund 80 Prozent der 40 Hektar großen Gesamtfläche) werden in dem Konzept in vier neue Bereiche aufgeteilt. Die Nordseite des Hafens soll für Baustoffe und Mineralöltanks reserviert werden. Im Süden sind Containeranlagen und Schrottareale geplant. So sollen unter anderem ein erweiterter Containerterminal und eine zweite Containerbrücke auf vier Hektar entstehen. Im Osten, hinter dem Verwaltungsturm, könnte die BEHALA ein Büro- und Verwaltungszentrum bauen.

Der Getreidespeicher wird zu einem Magazin umgebaut und für das Geheime Staatsarchiv Preußischer Kulturbesitz und die Staatsbibliothek neu genutzt. Sie zieht mit ihrer Zeitungs- und der Kinder- und Jugendbuchabteilung dort ein. Im Zollspeicher lagern heute Akten der Senatsjustizverwaltung und des Zentralen Grundbucharchivs (laut Info-Tafel 2020: Amtsgericht Lichtenberg, Staatsanwaltschaft Berlin (Archiv und Zentrales Grundbucharchiv), Zentral- und Landesbibliothek Berlin, Außenmagazin).

Durch die Kapazitätserweiterungen der Schwergut-Umschlaganlage im Westhafen (von 250 Tonnen Höchstgewicht auf 350 Tonnen, seit 1999 sind durch den Bau einer Schwerlastplatte im Tandembereich Höchstgewichte bis 500 Tonnen möglich) kann der Umschlag von Schwer- und Großraumgütern kontinuierlich gesteigert werden. Für den Transport dieser Güterarten ist die Binnenschifffahrt besonders geeignet, die Schwergut-Umschlaganlage ist vor allem bedeutend für die Turbinen-Fertigung des heutigen Siemens Energy AG Gasturbinenwerks in Moabit, in der Huttenstraße 12, nur wenige hundert Meter vom Westhafen entfernt.

▶ Am Hafenbecken 2 (oben mittig) haben Speditionen, Kontore und Reedereien ihren Sitz

Im Jahr 1999 beginnen notwendige Bauarbeiten für das Verkehrsprojekt Deutsche Einheit Nr. 17: Die Kaimauern für die Vertiefung von Becken I und II auf vier Meter werden erneuert. Es wird weiterer Platz für Speditionsgebäude geschaffen und das jüngste Hafenbecken zugeschüttet. Der wasserseitige Zugang zum Tanklager wird verlegt und eine Roll on-Roll off-Anlage errichtet. Mit der Einweihung des trimodalen Containerterminals im April 2001 sind die Aus- und Umbaumaßnahmen im Westhafen abgeschlossen. Dieser Containerterminal mit 180 Meter Kailänge, einem 38 Meter langen Portalkran, Bahnanschluss und eine 8 000 Quadratmeter umfassende Stellfläche für 674 TEU (Twenty Foot Equivalent Unit, 20-Fuß-Standardcontainer) stellt das Herzstück des neuen innerstädtischen Logistikzentrums dar. Nach zehn Jahren wird der Terminal erweitert.

Das vom Berliner Senat 2001 beschlossene »Hafenkonzept Berlin« sieht vor, die Hafenkapazitäten auf den Westhafen als Zentralhafen zu konzentrieren: der Ausbau zu einem modernen Güterverkehrszentrum mit eben trimodalem Containerumschlag, der Bau eines Bahnterminals für den Kombinierten Verkehr und die Schaffung weiterer moderner Lagerflächen. Nach dem Ausbau des Containerterminals sollen die Umschlagkapazitäten von etwa 45 000 Containern pro Jahr auf bis zu 80 000

KREUZFAHRT-
TERMINAL

steigen. Das Terminal kann fast 1 000 Standardcontainer fassen. Klaus-Günter Lichtfuß: »Wir haben 2005 den Containerterminal bahnseitig in Betrieb genommen. Wir sind bei einer Größenordnung von 150 000 Containereinheiten und stoßen an Grenzen. Wir bauen jetzt einen dritten Bauabschnitt aus und können die Kapazität dann noch einmal verdoppeln. In der ganzen Ost-Region besitzt die BEHALA das leistungsstärkste Terminal, das an die Seehäfen Hamburg und Bremerhaven angebunden ist.«

2007 endet die Bevorratung von Getreide. Seitdem wird in dem Silo Rohkaffee für eine Rösterei eingelagert, der mit dem Zug in den Hafen gelangt. Im selben Jahr baut die BEHALA eine spezielle Lagerhalle für die Gasturbinen von Siemens, die in Kraftwerken weltweit zum Einsatz kommen. Siemens baut eine neue Gasturbine, die mit 500 Tonnen weitaus schwerer ist als die Vorgängerversion mit 280 Tonnen. Damit wiegt sie zu viel, um mit dem Lkw über die Putlitz- oder die Beusselbrücke geliefert zu werden. Mit dem Institut für Entwicklung und Betrieb maritimer Systeme an der Technischen Universität Berlin und der Technischen Hochschule Wildau wird das eigens für den Wassertransport entwickelte Schiff »Ursus« (»Bär«) entwickelt. So fährt die Turbine 700 Meter bis zum Charlottenburger Verbindungskanal. 2012 geht dort in der Huttenstraße eine weitere, sogar beheizbare Roll on-Roll off-Rampe in Betrieb. Es beginnt der Turbinen-Transport mit dem Schwergutshuttle GSL Ursus, der Wassertransport führt vom Kanal zum Westhafen. Dort werden die Turbinen zwischengelagert, auf andere Leichter mit 1 200 t-Tragfähigkeit umgeladen oder direkt mit dem RoRo-GSL Ursus zu den Seehäfen transportiert.

2017 eröffnet ein neues Leercontainer-Depot mit einer Fläche von 8 200 Quadratmetern.

▶ Der Tegeler Hafen mit Sechserbrücke, um 1930

▶ Der Tegeler Hafen wurde nach der Schließung zum Wohnungsbaustandort der IBA

Tegeler Hafen

Zur Zeit der Industrialisierung in Tegel reichen die schon vorhandenen Werkshäfen nicht mehr aus. Die Gemeinde Tegel baut deshalb von 1904 bis 1908 gemeinsam mit dem Kreis Niederbarnim den Tegeler Hafen. Dazu wird das Tegeler Fließ verbreitert. Der Hafen liegt am nordöstlichen Ende des Sees in Nähe der Tegeler Mühle. Das Becken besitzt die Form eines Kanals, ist 55 Meter lang und an der Einfahrt 38 Meter, am Ende 62 Meter breit. Der Hafenkai ist 1 100 Meter lang, mehrere Freilagerflächen schließen sich an. Zwanzig Schiffe können gleichzeitig anlegen. Werden im ersten Jahr (1909) an Gütern 166 129 Tonnen bewegt und 576 Schiffe abgefertigt, ist es drei Jahre später bereits mehr als die doppelte Tonnage: 372 918 Tonnen (bei 970 Schiffen). Die Betreiber wollen vom vorbereiteten Oder-Havel-Kanal profitieren, der seit 1914 Stettin mit Berlin verbindet. Mit dem Hafen entsteht auch die Humboldtinsel, die dem Gleisanschluss zur Industriebahn Tegel-Friedrichsfelde dient. Sie schließt mehrere Industrieunternehmen an das Güterverkehrsnetz an und soll das Berliner Umland für die Gewerbeansiedlung attraktiv machen. Außerdem besteht ein Gleisanschluss über den Bahnhof Berlin-Tegel zur Kremmener Bahn. Damit hat Tegel den ersten Hafen mit Gleisanschluss im Berliner Raum.

Der Hafen besitzt drei Vollportal- und Wagendrehkräne und dient vor allem dem Umschlag von Baumaterialien. Seine Einfahrt wird von der Tegeler Hafenbrücke überspannt, deren Nutzung bis 1922 kostenpflichtig ist – deshalb auch der Name »Sechserbrücke«. Am südlichen Ende der Fachwerkbogenbrücke stehen zwei Kassenhäuschen. Zuvor hatte ein Fischer mit seinem Kahn Ausflügler für fünf Pfennig (»Sechser«) über das Fließ gesetzt. Die Brücke errichten 1908 die Tegeler Schlossverwaltung und Gemeinde als Stahlskelettbau, um die Promenade mit dem Schlosspark zu verbinden.

Im April 1970 wird der Hafen geschlossen. Der weitere Betrieb der Krananlagen wäre nur mit hohen Investitionen möglich gewesen. Das Hafengelände soll nach dem Bebauungsplan des Bezirksamtes Reinickendorf anderweitig genutzt werden. Auch die Industriebahn ist inzwischen stillgelegt, die Strecke bis auf wenige Gleisreste abgetragen. In den Jahren 1985 bis 1988 entstehen auf dem früheren Hafengelände zwei- bis siebengeschossige Wohnhäuser im Stil der Postmoderne, ein Projekt der Internationalen Bauausstellung Berlin. Dazu gehört auch die Humboldt-Bibliothek als zentraler Kulturbau. Die Bebauung umfasst rund 350 Wohnungen in sieben freistehenden Mehrfamilienhäusern (»Stadtvillen«), drei wellenförmigen Reihengebäuden und zwei Wohnhöfen. Der US-amerikanische Architekt Charles Moore wählt in seiner Planung dabei das Wasser als zentrales und verbindendes städtebauliches und gestalterisches Element. Dazu vergrößert er das ehemalige Hafenbecken, zu dem eine terrassenartig abgetreppte Plaza führt, die quasi den Eingang zum Quartier bildet. Statt der anfänglich geplanten Kulturbauten befinden sich auf dem Areal zwischen Plaza und Bibliothek drei Mehrfamilienhäuser mit Eigentumswohnungen sowie ein Seniorenheim.

Seit 2014 entstehen auf der Humboldtinsel 22 Häuser mit 78 Wohneinheiten, darunter vier schwimmende Häuser (Floating Homes) an eigenem Bootssteg. Im ehemaligen Hafenbecken wird die Tegeler Insel künstlich aufgeschüttet und ist durch drei Fußgängerbrücken zu erreichen. Auch sie wird von 2008 bis 2014 mit sieben Stadtvillen und 49 Eigentumswohnungen bebaut.

Die in Hafennähe unter Denkmalschutz stehende Humboldtmühle ist bis 1988 eine Großmühle. Sie liegt an der Mündung des Tegeler Fließes in den See. Der achtgeschossige Getreidespeicher trägt zum Wasser hin ein Bollwerk für die Anlieferung per Schiff. Durch einen 1987 erbauten Stichkanal zum Tegeler Hafen können auch 80 Meter lange Lastkähne mit bis zu 1 000 Tonnen Tragfähigkeit die Mühle erreichen. Der Kanal löst die frühere Zufahrt über das Tegeler Fließ ab. Östlich – am Mehlsilo – sind die Saugvorrichtungen zum Entladen der Kähne noch erhalten. Von 1989 bis 1992 geschieht der Umbau und die Erweiterung zu einem Hotel- und Bürokomplex, heute als Fachklinik genutzt. Über den Stichkanal führt eine neue Klappbrücke.

Borsighafen

An der östlichen Seite des Tegeler Sees befinden sich seit 1898 die neuen Borsig-Werke. Die Maschinenbaufirma will sich erweitern und zieht von Moabit fort. Nun ist das Unternehmen sowohl zu Wasser als auch per Schiene zu erreichen. Das neue Werk produziert neben Dampfmaschinen und Lokomotiven auch Kältemaschinen, Schiffsdampfmaschinen und Dampfpflüge. Auf dem rund 216 000 Quadratmeter großen Areal sollen die einzelnen Produktionszweige, die vorher überall im Stadtgebiet verstreut waren, zusammengelegt werden. Den Hafen trennt der Borsigdamm vom Tegeler See.

Der Vorläufer des Borsighafens heißt »Borsigs Ablage«, ein am See verlaufender Uferstreifen südlich des Eisenhammerwegs. Hier richtet Borsig zunächst einen Umschlagplatz mit Kaianlage und Kran zur Anlandung von Kohle und Erz für seine Produktion ein. 1922/23 wird dieser werkseigene Hafen durch den Bau neuer Verladeeinrichtungen mit einer Hängekohlenbahn zur Erz- und Kohlenförderung und einem Kohlentiefbunker sowie Gleisanschlüssen in das Werk stark erweitert.

▲ Aus der Humboldtmühle am Tegeler Hafen wird der Medical Park Berlin Humboldtmühle

Durch den Bau des Borsigdamms 1926 bis 1953 25 Jahre Bauzeit (mit Unterbrechungen) wird die Wasserfläche vor dem Borsighafen vom Tegeler See abgetrennt und von nun an als Borsighafen bezeichnet. Notstandsarbeiter bauen auf dem Damm eine Straße, die die Siedlung Waldidyll entlang der Bernauer Straße in Tegel-Süd mit Alt-Tegel verbinden soll. Bis dahin musste man einen weiten Umweg um die Borsig-Werke machen, um von einem Teil Tegels zum anderen zu gelangen. Eine Brücke über der Einfahrt in den Borsighafen, die den Damm in zwei Teile trennt, vollendet die neue Querverbindung. Noch in den 1960er Jahren werden Kohle und Koks für das eigene Kraftwerk und die zwei Siemens-Martin-Öfen angeliefert. Ein fahrbarer Portalkran be- und entlädt die Binnenfrachtschiffe. Die Ladung wird auf einem Förderband bzw.

▲ Hafenanlagen mit Hängehochbahn zur Kohlenverladung und Kohlentiefbunker, nach 1923

per Loren gezogen von einer Schmalspur-Werkslokomotive in das Betriebsgelände transportiert. Heute nutzt der Motor Yacht Club e. V. Liegeplätze im südlichen Hafenbereich.

Um 1985 reißt man die Kohleförderungs- und Hafenanlagen ab, weil der Hafen nicht mehr benötigt wird. Um den Transport der schweren Kompressoren und großen Aggregate zu ermöglichen, beschließt das Bezirksamt Reinickendorf 2006 den Ausbau des 2,50 Meter tiefen Borsighafens. Im Jahr 2007 wird der seit den 1970er Jahren ungenutzte Hafen reaktiviert, es entsteht eine neue Kaimauer samt Verladerampe. Außerdem wird eine Plattform für Spezialkräne zum Heben von Schwerlastteilen eingerichtet. Sie können nun aber auch direkt mit einem Anhänger auf ein Schiff gefahren werden. Es geht um das wirtschaftliche Fortbestehen der benachbarten Maschinenbaufirmen Borsig und MAN.

In Tegel fertigen sie große Kompressoren und Turbinen für den Weltmarkt. Diese sind jedoch für den Straßen- oder Schienentransport in den Westhafen zu schwer geworden. Bis zu 125 Tonnen schwer und sechs mal fünf mal fünfzehn Meter groß sind die MAN-Kompressoren, die für den Gastransport in Pipelines, in Raffinerien, Hochöfen oder bei der Erdölgewinnung eingesetzt werden. MAN Energy Solutions SE fertigt Großdiesel für Schiffe, Gasmotoren und Turbomaschinen für die Energieindustrie. Die riesigen Turbokompressoren werden entweder per Binnenschiff über Hamburg und zu Kraftwerken weltweit versandt oder von Schwerlasttransportern abgeholt, die so groß sind, dass die Polizei die Straßen sperren muss. Größtes Hindernis für einen neuen Hafenbetrieb ist aber die Borsigdammbrücke, die um eineinhalb Meter angehoben werden muss.

Im August 2008 wird im modernisierten Borsighafen erstmalig eine Schwerlast verladen: Ein von Borsig gebauter 284 Tonnen schwerer Kühler ist für China bestimmt. Fortan können im umgebauten Borsighafen Schwerlasten bis zu 500 Tonnen verladen werden. Ein Transport nach Hamburg dauert per Schiff nur noch ca. acht Tage statt vorher fünf Wochen auf dem Landweg mit Schwerlasttransporten.

▲ Borsighafen: reaktiviert für Schwerlast-Verladungen und Yachthafen

Nordhafen Spandau

Die Stadt Spandau baut an der Oberhavel 1908 bis 1912 den Nordhafen, einen rund 500 Meter langen Stichkanal – wirtschaftlich eher unbedeutend. Er entsteht aus dem Teil des Festungsgrabens, der sich nördlich der heutigen Straße Havelschanze vor den Bastionen VIII bis IX befindet. Im Jahr 1903 beginnt die Entfestigung Spandaus. Der frühere Hafen verläuft vom Havelwestufer bis zum Hohenzollernpark an der Streitstraße. Hinter dem ehemaligen Strandbad Oberhavel ist noch die Hafeneinfahrt erkennbar. Am Südufer steht ein Bootshaus aus dem Jahr 1911, das übrige Ufer ist seit 2011 mit Wohnungen bebaut. Am Nordufer befindet sich die Promenade des Maselakeparks, benannt nach einer ehemaligen Feldflur, deren Fläche seit Ende des 19. Jahrhunderts für ein Industriegebiet bebaut wird. Die Anlagen des Nordhafens verfügen über Anschlussgleise zu den Fabriken im Norden Spandaus. Umgeschlagen werden vor allem Baumaterialien, Walzeisen, Gaskohle, Kolonialwaren, Reis, Zuckerrüben und Chemikalien. Der Hafen verliert seit 1923 gegenüber dem Berliner Westhafen an Bedeutung.

▲ Nordhafen Spandau: heute ein beliebtes Wohnquartier

CHRISTIAN GRANDT BINNENSCHIFFER

Als Schiffer ist man eigenständig, der Beruf ist vielseitig. Man muss handwerklich ein bisschen geschickt sein und sich mit der Schiffstechnik auskennen. Man sollte gerne alleine auf dem Wasser arbeiten. Wenn man das nur als Job sieht und immer auf die Uhr guckt, dann wäre man hier falsch. Es gehört viel Idealismus dazu. Man muss da schon ein bisschen verrückt sein und Lust dazu haben.

Ich komme ursprünglich aus Lübeck. Meine Familie mütterlicherseits betreibt seit mehreren Generationen Schifffahrt. Mein älterer Cousin ist mit Leidenschaft Schiffer, der hat mich sicherlich beeinflusst. Ich habe erst Kraftfahrzeugmechaniker an Land gelernt, mich später umorientiert und bin jetzt seit 15 Jahren Schiffer. Mit meiner Frau wohne ich in Molkenberg an der Havel in einem alten Bauernhaus. Sie vertritt meinen zweiten Mann, wenn er Urlaub hat.

Die Partikulierschifffahrt, wie wir sie betreiben, d.h. allein und selbstständig, ist eher rückläufig. Sie ist nicht besonders familienfreundlich und auch problematisch, um Verabredungen im Freundeskreis einzuhalten. Unser Berufsstand ist auch veraltet. In den nächsten Jahren gehen viele in den Ruhestand, da kommt keiner nach.

Wir transportieren heute Sand 0–2 mm gewaschen zu einem Betonwerk. Ein bis vier Ladungen die Woche gehen nach Spandau oder in den Westhafen. Das ist eine sogenannte Pendelfahrt. Die Ladung kommt aus einem Kieswerk in Parey an der Elbe und aus Rogätz. Eine Strecke mit Laden dauert 13 bis 14 Stunden. In Rogätz können wir wegen Niedrigwasser für einige Monate nicht laden. Die Extremsommer sind inzwischen normal. Die Elbe ist manchmal erst im Oktober, November wieder schiffbar.

Der neueste Trend ist, dass gewichtsoptimierte Schiffe gebaut werden, die sich dem Fluss anpassen. Die können auch bei sehr niedrigen Pegelständen noch gut tragen. Das hier ist ein Universalschiff für Sand, Getreide und Kohle. Das Deck ist für ein Baustoffschiff eher ungewöhnlich. Das Schiff wurde 1963 in den Deutschen Industrie-Werken, Berlin-Spandau gebaut. Es ist 80 Meter lang, 8,20 Meter breit und lädt 1080 Tonnen.

▲ Lindenufer in Spandau, gesehen vom Schiffbauerdamm (Stahlstich um 1850)

▲ Alte Charlottenbrücke mit Spreemündung und Lindenufer

▶ Schiffer halten mit bis zu fünf Meter langen Bundstaken ihren Schleppkahn von der Böschung fern

▶ Dampfschiffe auf der Unterhavel, um 1910

HERMAÑ
ELSE
HEINRICH

Fortan dienen die Uferbereiche als Lagerplatz für Baumaterialien und Mineralöle. Bis zu zwanzig Kähne können gleichzeitig löschen. Hier werden vor allem Mauersteine für Spandau und das Hinterland umgeschlagen. Lastwagen fahren bis zu 4 000 Mauersteine auf die jeweilige Baustelle. »Oft mischt sich unter die lange Reihe der düsteren Ziegel-Transportkähne ein fremder Gast mit hohem Mast und seefesten Deckaufbauten, dessen holzbeschuhte Besatzung über die Nordsee echt holländische Dachpfannen oder aus den Ostseeländern Holz brachte«, heißt es im »Berliner Lokalanzeiger« (29.11.1934). Anstelle des schlecht befestigten Stätteplatzes (Bauhofes), auf dem die Fuhrwerke oft bis zu den Achsen versinken, erstreckt sich seit 1934 eine ungefähr 300 Meter lange und 40 Meter breite, gut gepflasterte Ladestraße.

Im Jahr 2011 sind die Hafen- und Gleisanlagen vollständig zurückgebaut. Das Gelände um das Bootshaus und das Havelufer nutzen die Wasserfreunde Spandau 04 für den Bootssport und als Liegeplatz für ihr Clubschiff. Dahinter stehen seit 2008 Reihenhäuser und seit 2011 komfortable Stadtvillen des Quartiers Nordhafen. Am Ende des Südufers befindet sich seit 2002 das Senioren- und Therapiezentrum Haus Havelblick mit einem eigenen Schiffsanleger. Der untere Teil der Promenade des Maselakeparks dient ebenfalls als Schiffsanleger und ist mit Holzplanken belegt. Am sandigen Ufer der Maselake gelangt man zum »Havelbalkon«, der einen Ausblick über den Spandauer See bietet.

▶ Andrang vor der Spandauer Schleuse, 1925
▶ Lageplan des Südhafens

Dampferfahrten lassen sich in Spandau heute von der Schiffsanlegestelle »Hafenplatz« im Wröhmännerpark unternehmen. Mitte des 19. Jahrhunderts befindet sich an Spandaus ältestem Park ein städtischer Hafen- und Lagerplatz. Dieser wird 1875 mit Sand der abgetragenen Schülerberge auf der ehemaligen Wiese der Wröhmänner (Ackerbürger) aufgeschüttet. Im früheren Hafenbecken werden nun Ruderboote für Ausflüge auf der Oberhavel verliehen. Nach dem Zweiten Weltkrieg wird die Verbindung zur Havel zugeschüttet und das Becken zu einem Seerosenteich umfunktioniert.

Südhafen Spandau

Fast zeitgleich mit dem Nordhafen entsteht in den Jahren 1906 bis 1911 auf einer Landzunge in die Havel hinein der Südhafen. Er wird im Zusammenhang mit der Begradigung des Unterlaufes der Havel gebaut. Östlich des Havelaltarms liegen Dorfhäuser, vereinzelt Bungalows, Bootsstände und Fischereigrundstücke. In den Jahren 1816 bis 1823 ziehen 29 vom Burgwall vertriebene Fischer nach Tiefwerder. Das Hafengebiet besteht aus einem größeren Unterhafen zum Güterumschlag und einem meist brach liegenden kleineren Oberhafen, dazwischen verläuft auf einem Damm die Schulenburgstraße. Ein Eisenbahnanschluss führt zum Güterbahnhof in Ruhleben. Nach dem Westhafen ist der Südhafen der zweitgrößte Hafen Berlins. Er besitzt 3 500 Meter Kailänge, große Freilagerflächen und ein rund zwei Kilometer langes Gleisnetz. Vom Südhafen aus gelangen die Schiffe flussaufwärts über den Großschiffahrtsweg zur Oder, havelabwärts zur Elbe und auf dieser weiter nach Hamburg oder

Wurzen.

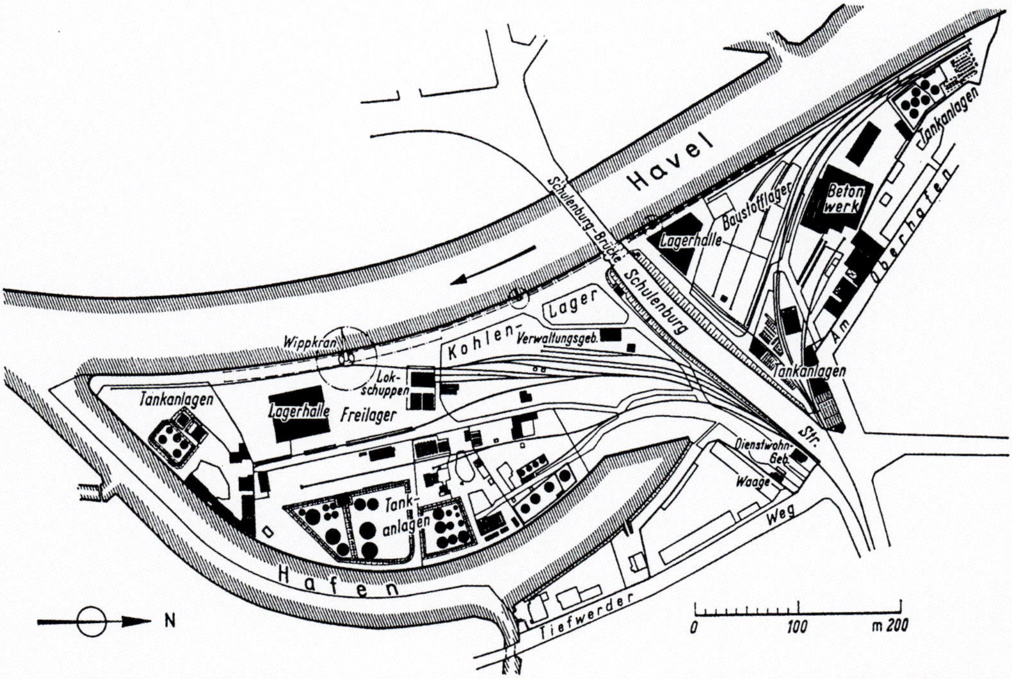
Havel
Schulenburg-Brücke
Schulenburg
Str.
Tankanlagen
Baustofflager
Beton werk
Lagerhalle
Am Oberhafen
Lager
Kohlen-
Verwaltungsgeb.
Wippkran
Lok-schuppen
Tankanlagen
Lagerhalle
Freilager
Tank-anlagen
Dienstwohn-Geb.
Waage
Weg
Tiefwerder
Hafen
N
0
100
m 200

▲ Südhafen Spandau – der zweitgrößte Berliner Hafen

▲ Steinkästen-Umschlag am Südhafen Spandau, 1929

▲ Kiesumschlag für ein Betonwerk

Dresden oder durch den Mittellandkanal nach Westdeutschland.

Umgeschlagen werden zunächst vor allem englische Gaskohle aus Hamburg, Walzeisen, Baustoffe und Zuckerrüben. Der Südhafen verliert, wie auch der Spandauer Nordhafen, schnell an Bedeutung durch die Konkurrenz zum Westhafen. Doch seit den 1930er Jahren werden wegen der günstigen Lage an der Peripherie zunehmend flüssige Brennstoffe und Öle umgeschlagen und gelagert. Der Hafen vermag 60 Finowkähne von 225 Tonnen oder 40 Elbschiffe von 600 Tonnen aufzunehmen. Im Mai 1945 sind die Hafenanlagen weitgehend zerstört, danach werden die Dampfkräne und Eisenbahnanlagen demontiert. Die britische Besatzungsmacht beschlagnahmt im Oktober 1945 den Unterhafen. Eine zunächst für die Besatzungsmacht erbaute Lagerhalle wird später übernommen und vergrößert die Lagerkapazität von bisher 2 500 Tonnen um mindestens 4 000 Tonnen. Die Briten nutzen zwei Drittel der Hafenfläche, der Rest dient als Entladeplatz für Kohlen und Baustoffe.

Der Südhafen ist 180 000 Quadratmeter groß und die unterirdischen und Hochtankanlagen der ansässigen Großhandelsfirmen können 7,5 Millionen Liter aufnehmen. Nach drei Teilfreigaben steht der Südhafen erst ab November 1956 wieder vollständig der BEHALA zur Verfügung. Er erhält einen Doppellenkwippkran mit 5 bis 10 Tonnen Tragfähigkeit. Eine Magnetanlage ermöglicht die schnelle Eisenverladung. Für den Umschlag von Ziegelsteinen stehen Steinkästen zur Verfügung, und die vorhandenen Steingreifer ermöglichen eine Entladung von 30 000 Kalksandsteinen pro Stunde aus dem Schiff.

Seit Jahren hat die BEHALA einen Teil ihres Hafengeländes vermietet. In Spandau hat der Chepromin-Mineralölhandel ein Tanklager eingerichtet. Es werden etwa 80 Prozent der freien Tankstellen in West-Berlin mit nicht markengebundenem Benzin und Diesel beliefert, was einer Bedarfsdeckung von bis zu 20 Prozent entspricht. Über 17 000 Kubikmeter fassen die 15 Behälter, und die Anlage wird später noch um vier Tanks erweitert. In Spandau haben 1959 viele Tankschiffe ihren Berliner Ankerplatz, als Lieferanten für die Öllager, die Privatgesellschaften auf dem BEHALA-Gelände einrichten. Ihre Tanks können 26 000 Kubikmeter Sprit, Heiz- und Dieselöl fassen. Tankneubauten der ansässigen Treibstoffgesellschaften und ein vermehrter Eisenumschlag bewirken im Jahr 1960 eine Leistungssteigerung um fast 30 Prozent. Der Südhafen besitzt 1967 eine Freilagerfläche von 35 000 Quadratmeter, zwei Lagerhallen mit 6 000 Quadratmeter und einen Mineralöllagerraum für 30 000 Kubikmeter. Im Jahr 1968 siedelt sich zudem eine große Fabrik für Betonfertigteile an.

Die isolierte Lage von West-Berlin führt zu einem raschen Ausbau der ober- und unterirdischen Lagerkapazitäten für flüssige Mineralölprodukte. Sie bilden Berlins größten Benzinhafen mit ca. 40 Hoch- und 60 Erdtanks und können 7,5 Millionen Liter Treibstoffe aus Tankschiffen, Kesselwaggons und Straßentankwagen aufnehmen. Mitte der 1970er Jahre bilden Treibstoffe und Heizöle bis zu 95 Prozent der von der BEHALA bewegten Frachten. Um 1980 wird ein weiterer Tankschiffliegehafen gegenüber dem Unterhafen am Westufer der Havel errichtet (die heutige Hermann-Oxfort-Promenade). Inzwischen wird er als Liegestelle für Gefahrguttransporte genutzt.

Im Unterschied zum Westhafen schreibt der Südhafen seit 1975 schwarze Zahlen. Im Südhafen sind rund 90 Prozent der ca. 100 000

Quadratmeter Freilagerfläche vermietet, dazu kommen zwei große Lagerhallen. Bedeutend ist auch die Leistung der Hafenbahn, die rund 10 000 Waggons, vor allem Kesselwaggons, im Jahr bewegt. 1988 wird der Hafen mit dem Abriss von elf großen Öllagertanks und der Reinigung des ölverschmutzten Bodens teilweise saniert. Seit Anfang der 1990er Jahre baut man die Kapazitäten insgesamt allmählich ab. Noch zu DDR-Zeiten lagert im Südhafen die Senatsreserve an Zucker, Speisesalz und Waschpulver. Im Dezember 1991 erteilt der Senat einen neuen Auftrag und sorgt für steigenden Umsatz: Täglich werden rund 1 000 Tonnen Kohle aus dem Kladower Senatslager zum Kraftwerk Reuter verschifft. Der Südhafen ist nun ein Güterverkehrssubzentrum, in dem Fracht auch zwischen Bahn und Lkw umgeladen wird. Seit 1999 ist der jährliche Güterumschlag von 1,7 Millionen Tonnen auf etwa 500 000 Tonnen (im Jahr 2013) zurückgegangen. Bei den Gütern überwiegt die Kategorie Erze, Steine, Erden, Kohle. Mit einem Beton-Mischwerk (Lichtner Beton Brandenburg) verbunden ist der tägliche Umschlag von Beton-

▲ Im Spandauer Hafen Am Torfgraben, 1858 angelegt und heute zugeschüttet, bieten Torfschiffer ihr Brennmaterial an

▲ Der Südhafen wurde saniert und soll ausgebaut werden

zuschlagstoffen, hauptsächlich Kies, mit einem Kran vom Schiff. Die Versorgung mit z.B. Zement und Flugasche geschieht vor allem per Bahn oder Lkw. Nebenan befindet sich ein Unternehmen für Wertstoffrecycling und -handel. Den Umschlag der sortierten Metallrecycling-Stoffe übernimmt ein Kran in das Schiff bzw. auf die Bahn, angeliefert wird per Lkw. Im südwestlichen Teil des Unterhafens gehören zwei Hallen der Firma Pohl, die Papierrollen für die Spandauer Zeitungsdruckerei der Axel Springer SE liefert.

Im Oberhafen steht heute auch das Second-Hand-Kaufhaus »Fundgrube« der Johannesstift-Diakonie, ein Betriebshof der Firma Alba Facility Solution, eine Schlosserei, ein Reinigungsmittelanbieter und ein Containerdorf für Geflüchtete. Ab dem Jahr 2019 wird die Infrastruktur des Südhafens neu entwickelt. Zudem ist eine weitere Entwicklung mit der neuen Halle A im Oberhafen geplant.

Die Tanköllager sind inzwischen verschwunden. In den letzten Jahrzehnten wurde der Südhafen grundlegend saniert. Die BEHALA will den Hafen ab 2023 ausbauen. Die Neuerungen betreffen die Eisenbahngleise, ein Containerterminal und einen Anleger an der Schulenburgbrücke. Der Leiter der BEHALA-Logistik, Klaus-Günter Lichtfuß: »Im Unterhafen wird die komplette Infrastruktur neu gebaut. Es werden Ansiedlungsflächen geschaffen und entwickelt. Die Spitze des Altarms soll teilweise zugeschüttet werden, um Land für eine große Entwicklungsfläche zu gewinnen. Danach geht es mit dem Oberhafen weiter. Wir halten die Fläche auch frei für den Bau der Schulenburgbrücke. Im Hafen kommt nach wie vor Papier an, aber auch andere Stückgüter, die per Bahn angeliefert werden.«

Die Havel wird von Pichelsdorf bis zur Altstadt um bis zu 30 Zentimeter ausgebaggert, damit die Fahrrinne eine Tiefe von vier Metern besitzt. Und damit die Schubverbände auch von der Spree nach Norden in die Schleuse abbiegen können, wird das »Spandauer Horn« abgebaggert.

Nonnendammallee

In den Jahren 1976 bis 1978 kauft die BEHALA ein Grundstück an der Nonnendammallee 8-14 und richtet dort eine zweite Umschlaganlage für Westberliner Bauschutt zur Verschiffung in die DDR ein. Im Westhafen besteht bereits eine weitere kleine für Bodenaushub: Ein willkommener Auftrag, da durch den Rückgang des Kohleumschlags die Kranbrücken nicht mehr voll ausgelastet sind. In Spandau überlässt die BEHALA die eigentlichen Arbeiten einem Subunternehmen. Zuvor befindet sich auf dem 55 000 Quadratmeter großen Areal am Spreearm (»Alte Spree«) das Baustoffwerk Ekkenga. Es entsteht eine 65 Meter lange Kaimauer zum Anlegen der Schiffe. Der Bauschutt fällt vor allem aus den Sanierungsgebieten in Kreuzberg und Schöneberg an. Es gibt mit der DDR einen langfristigen Vertrag (bis 1994) über die Abnahme von Abfallstoffen. Der Müll wird vom Juni 1978 an mit Lastprahmen auf dem Wasserweg zu einer Müllkippe in Deetz bei Brandenburg transportiert. Der Umschlagplatz soll für eine 100 000 Kubikmeter große, sieben Meter hohe Schutthalde ausgelegt und ständig berieselt werden, um Staubentwicklung zu vermieden. Bis zu 400 Lastzüge kann die Anlage täglich abfertigen. 1979 sollen es 1,3 Millionen Tonnen Schutt und Bodenaushub sein, davon 910 000 Tonnen im Westhafen. Zu der jährlichen Größenordnung von etwa 2,3 Millionen Tonnen wird ein Gütereingang (vor allem Baustoffe) aus der DDR mit bis zu 1,7 Millionen Tonnen gerechnet. So ergibt sich ein jährliches Gesamtvolumen von rund 4 Millionen Tonnen umgeschlagener Güter. An der westlichen Binnenschifffahrt geht dieser Aufschwung jedoch vorbei: die Transporte in die DDR und umgekehrt übernehmen ausschließlich DDR-Schiffe. Insgesamt geht es um 38 Millionen Tonnen Bauschutt, die von Hydraulikkränen auf Kähne umgeladen werden. Die Landspitze Ruhlebener Wiesen zwischen Spree und Alter Spree wird für eine Wendestelle teils abgetragen, es werden Liegeplätze für 20 Schubleichter geschaffen. Für die Schuttanlieferung per Straße stehen 30 Warteplätze für Lkw mit Anhänger zur Verfügung. Die gesamte Abladezone der Anlage beträgt 18 000 Quadratmeter.

Bauhafen Teltow-Werft

Im Jahr 1906 werden am südlichen Ende von Zehlendorf ein Bauhof und ein Bauhafen eingerichtet. Sie dienen dem Unterhalt des Treidel-

betriebs auf dem Teltowkanal. Zu ihnen gehört auch das spätere Kraftwerk Schönow. Der Bauhof und die Treidelbahn sollen günstig erzeugten Strom autark erhalten. Alle drei Jahre werden die zwanzig elektrischen Treidellokomotiven auf dem Bauhof generalüberholt oder repariert. Die Lokomotiven erreichen vom Südufer das Gelände über eine Brücke. Die Gleistrasse der Treidelbahn, die vom Lokschuppen zur Brücke führt, ist noch erhalten. Zu dem 65 mal 25 Meter großen Hafen führt ein Stichkanal, von einer Leinpfadbrücke überspannt. Im Hafenbecken liegt heute noch das Schiff Senator (Baujahr 1950).

▲ Die Teltow-Werft am Teltowkanal konnte direkt an der Berliner Mauer nicht überleben

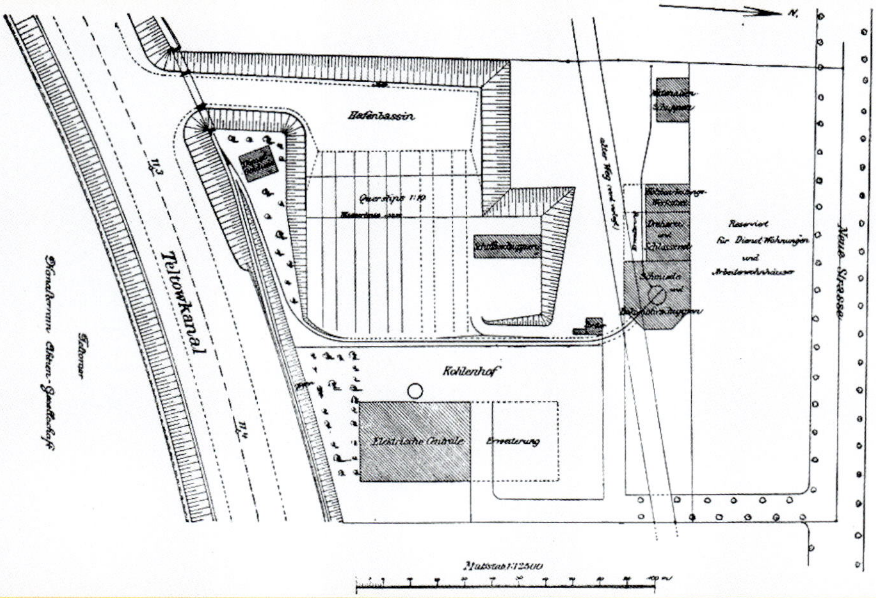

▲ Die Teltow-Werft nach 1924, unten links die Hafeneinfahrt

▲ Grundriss der Teltower Grundterrain Aktien-Gesellschaft von 1906

▶ Elektrisch geschweißter Diesel-Motorschlepper im Bau, ca. 1927. Zuvor wurden Schiffskörper genietet

T
TELTOW-WERFT

▲ Bis 1961 existiert die Teltow-Werft, hier 1957

▶ Vom Lost Place (Schiff »Senator«) …

▶ … zum Wohngebiet: die Teltow-Werft wird Stadtquartier, Lokomotivhalle (Bild) und Pförtnerhaus werden integriert

Der Bauhof bessert auch die Schiffe, die schwimmenden Arbeitsgeräte und die Bahnanlagen aus. Da am Kanal keine weitere Werft besteht, werden hier zusätzlich fremde, zum Beispiel havarierte Schiffe repariert. Der Bauhafen ist so bemessen, dass im Winter fast alle Betriebsmittel vom Kanal dort unterkommen. Noch heute ist die Querslipanlage erkennbar. Aus dem Bauhof geht 1921 die Teltow-Werft hervor, die sich zu einer leistungsfähigen Binnenschiffswerft entwickelt: über ihre ursprünglichen Aufgaben hinaus produziert sie kleinere Binnenschiffe und Ausflugsdampfer. 1945 wird der Werftbetrieb von den Russen demontiert. Danach versuchen sie, die einzige in West-Berlin verbliebene größere betriebsfähige Werft in ihren Einflussbereich einzubeziehen. Das Ende der Werft kommt ein Jahr nach dem Mauerbau. Abgeriegelt, in unmittelbarer Grenznähe gelegen kann sie dem Konkurrenzdruck nicht mehr standhalten und stellt Ende 1962 den Betrieb ein. Das Gelände wird nur noch für kleinere Reparaturen genutzt. Allerdings nutzt die Stern und Kreisschiffahrt den Hafen sporadisch weiter.

▲ Schubverbände mit Schrott und Holzpellets auf dem Teltowkanal, links ein Brückenstumpf der Treidelbahn

Inzwischen steht das frühere Werftgelände unter Denkmalschutz, doch noch zuvor kommt es zum Abriss der Werkstätten. Derzeit teilgewerblich und als Lager genutzt, sollen auf dem Gelände laut Bebauungsplan 184 Wohnungen entstehen, daneben sind auch Gewerbe und soziale Einrichtungen vorgesehen. Rund um das Hafenbecken haben die Architekten etwa 20 Townhäuser mit Wasserblick gruppiert. Hinter den Einfamilienhäusern werden Wohnblöcke mit drei bis fünf Geschossen entstehen. Die Lokomotivhalle stellt das neue Zentrum dar. Hier wird es Flächen für Dienstleistungen, Büros und Handwerksbetriebe geben, und auch die anderen denkmalgeschützten Gebäude will man integrieren. Für das Hafenbecken sind Liegeplätze für Sportboote in einer kleinen Marina geplant. Das unmittelbar am Kanal gelegene erste Verwaltungsgebäude im Landhausstil ist bereits seit langem zu einem Wohnhaus umgebaut. Westlich des Geländes befindet sich das 1997 eröffnete Wohnstift Augustinum. Das Stadtplanungsamt will die beiden Brücken wieder herstellen. Von der großen Brücke über den Teltowkanal sind noch die Widerlager vorhanden. Über die kleine Brücke im Hafenbecken könnten Fußgänger und Radfahrer zukünftig entlang des Teltowkanals spazieren.

Der am 2. Juni 1906 eröffnete Teltowkanal soll den regen und wegen der Schleusen zeitaufwendigen Schiffsverkehr im Zentrum Berlins entlasten. Im Jahr 1888 stauen sich etwa 500 Kähne bis in die Seenkette der Havel, weil sie auf eine Durchfahrt warten müssen. Der Teltowkanal enthält nur eine einzige Schleuse in Kleinmachnow und verläuft über die Berliner Ortsteile Lichterfelde, Steglitz, Lankwitz, Tempelhof sowie die Bezirke Neukölln und Treptow-Köpenick nach Grünau. Es entstehen eine Reihe von öffentlichen Häfen, aber auch Dutzende Ladestellen der Wirtschaft und der Kommunen. Beim Hafen Britz-Ost zweigen der Neuköllner Schifffahrtskanal nach Norden und der Britzer Verbindungskanal nach Osten zur Spree-Oder-Wasserstraße ab. Erstmalig in Deutschland wird beim Teltowkanal ein elektrischer Treidelbetrieb angewendet. Treidellokomotiven ziehen die Schleppkähne im Kanal. Dazu werden im Bereich der Häfen Brücken für den durchgehenden Treidellokverkehr errichtet. Dieser Treidelbetrieb wird nach dem Zweiten Weltkrieg aber nicht wieder aufgenommen.

In den ersten Betriebsjahren rechnet man für den Teltowkanal vor allem mit dem Einsatz von Finow-Maßkähnen, die zu zweit nebeneinander gekoppelt sind. Der Kanal soll aber auch die Nutzung durch Saale- bzw. Breslauer Maßkähne (620 Tonnen Tragfähigkeit) ermöglichen. Die Schleppkähne werden für das Treideln auf dem Kanal zu Schiffszügen zusammengestellt. Ein Schiffszug besteht etwa aus zwei Breslauer Maßkähnen oder aus vier Finow-Maßkähnen. Für die Passage des Kanals, einschließlich der Schleusung, sind 10,5 Stunden erforderlich. Horst Köhler schreibt in seinem Buch »Der Teltowkanal«, dass im ersten Betriebsjahr auf dem Teltowkanal nur 407 828 Tonnen Waren verschifft werden, bevor im Jahr 1910 dann die Millionenmarke überschritten wird. Während des Ersten Weltkriegs ist ein Rückgang um durchschnittlich 30 Prozent zu verzeichnen. Doch steigt in den Jahren danach das Frachtaufkommen wieder und erreicht 1926 erstmalig die Zwei Millionen-Grenze. Dem Trend der Entwicklung folgend, wird der Kanal ab 1938 schrittweise auch für den Verkehr mit 1000-t-Schiffen erweitert. Eine erneute Steigerung erzielt der Warenumschlag von 1930 an bis zum Kriegsjahr 1943. Der Umschlag bewegt sich jährlich zwischen 2,6 und 3,2 Millionen Gütertonnen.

Schon während der Planungs- und Bauphase drängen viele Industriebetriebe an das Kanalufer. Denn auf dem Wasser lassen sich Rohstoffe und Fertigerzeugnisse preiswerter als mit der Eisenbahn befördern. Die rege Bautätigkeit in Berlin und zunehmend in den südlichen Gemeinden vor der Stadt erfordert große Mengen Baumaterialien, Kohle und Lebensmittel. Die Industrialisierung schreitet voran: In der Region Teltow an der Oderstraße, entlang der Zehlendorfer Goerzallee und am Stichkanal, in Steglitz rund um den Hafen, in Tempelhof im Gebiet

der Ordensmeister- bis Gradestraße, in Rudow an der Kanalstraße, in Neukölln an der Nobelstraße und in Adlershof im Bereich der Rudower Chaussee entwickeln sich am Kanal Industrie- und Gewerbezentren. Die industrielle Ansiedlung führt zum Anschluss der Wasserstraße an das Eisenbahnnetz. Gleise der Anhalter Bahn und der Neukölln-Mittenwalder-Eisenbahn führen an viele Ladestellen des Kanals. Außerdem gehen entlang des Teltowkanals die Kraftwerke Lichterfelde, Steglitz und Rudow in Betrieb.

▲ Am Teltowkanal wurde erstmals elektrisch getreidelt

Die Zerstörungen des Zweiten Weltkriegs machen den Teltowkanal unpassierbar: 45 der insgesamt 60 Brücken sind unbrauchbar, die Uferbefestigungen verfallen, im Wasser liegen gesunkene Schiffe und versenkte Munition. Bald wird das Kanalbett teils wieder freigelegt, so dass die Instandsetzungsarbeiten am Ufer und an den Brücken beginnen können. Nach der Berlin-Blockade kann der Schiffsverkehr zeitweise wieder aufgenommen werden. Doch der Teltowkanal bildet nach der Teilung Berlins die Grenze zwischen beiden deutschen Staaten. Ost-Berlin sperrt 1950 die Schleuse bei Kleinmachnow für den Schiffsverkehr. Die Zufahrt vom Westen her ist damit für mehr als drei Jahrzehnte nicht mehr möglich.

In der Zeit des Kalten Krieges verliert der Teltowkanal seine Bedeutung als Durchgangswasserstraße zwischen Oder und Elbe. Die Binnenschifffahrt muss auf dem Weg vom Griebnitzsee nach Steglitz einen Umweg von 45 Kilometern bewältigen. Die Beschwernis der Passage durch Ost-Berlin ist mit langen Wartezeiten an den Übergangsstellen verbunden, der Fahrtweg verlängert sich um etwa zwei Tage. Für einige Zeit ist der Teltowkanal nur über den Britzer Verbindungskanal und den Neuköllner Schifffahrtskanal erreichbar. Nach langwierigen Verhandlungen von West- und Ost-Berliner Regierungsdienststellen wird der Teltowkanal am 20. November 1981 von Westen her wieder geöffnet. Doch die Transport-Zahlen danach eignen sich wenig zum Vergleich mit denen vor der Teilung Berlins. Mit der Wiederaufnahme des Schiffsverkehrs baut die DDR auf einem nicht einsehbaren Gelände ihre frühere Mannschafts- und Verwaltungsstelle für den Transitverkehr und damit für den Kontrollpunkt nach der Reichsautobahnbrücke

zu einer umfangreichen Kontrollstelle für den Schiffsverkehr aus und betreibt diese bis zum Mauerfall 1989.

Danach war ein weiterer Ausbau des Teltowkanals als sogenannte Südtrasse Berlin im Rahmen des Verkehrsprojekts Deutsche Einheit (VDE) Nr. 17 geplant. Er sollte mit Großmotorgüterschiffen (Großes Rheinschiff, 110 Meter Länge) und Großschubverbänden (185 Meter Länge) nutzbar sein. Auch die Schleuse Kleinmachnow hätte hierfür erheblich vergrößert werden müssen. Nach einer Neubewertung des Projekts im Jahr 2010 ist ein Ausbau derzeit nicht mehr geplant.

▲ Elektrische Treidellokomotive

Hafen Tempelhof

In den Jahren 1901 bis 1908 wird am Teltowkanal der Hafen Tempelhof angelegt. Mit einem Speicher und Kränen errichtet der Landkreis Teltow neben den kleineren Häfen Britz, Steglitz und Lichterfelde auch diesen größeren Hafen mit einem 170 mal 70 Meter großen Becken. Vor allem an der nördlichen Kaimauer wird gelöscht und geladen. Vorrangig schlägt man Getreide, Mehl, Zucker, Tabak, Öle und Stückgut um. Der siebenstöckige Speicher ist einer der ersten Stahlbetonbauten Deutschlands und gehört mit einer Lagerfläche von 12 000 Quadratmetern zu den damals modernsten Lagerhäusern. Von den Stückgut-Portal-Kränen mit starrem Ausleger (6 Tonnen Tragfähigkeit) sind heute noch drei erhalten. Die Eisenbahngleise der Rixdorf-Mittenwalder-Eisenbahngesellschaft führen durch die Industriegebiete in der Ordensmeister- und Teilestraße und schließen über den Güterbahnhof Hermannstraße an die Ringbahn und den Bahnhof Teltowkanal an. Mit modernen Verteilsystemen wie Lastenaufzügen, Fördermaschinen für Schüttgut und Entladerutschen, Wiegeanlagen und einer Zollstation ausgestattet ist dieser Hafen den bestehenden Häfen im Berliner Stadtgebiet überlegen.

Um den Treidelbetrieb auf dem Schienenleinpfad zu gewährleisten, wird die Hafeneinfahrt mit einer eisernen Leinpfadbrücke überspannt. Die elektrischen Lokomotiven ziehen die Finowmaß-Kähne auch in den Hafen. Der befördert den wirtschaftlichen Aufschwung Tempelhofs und ist mit seinem riesigen Speicher

◄ Erhaltener Portalkran am Hafen Tempelhof

RALF SCHARNWEBER HAFENLOGISTIKER

Ich habe von 1983 bis 1986 im Überseehafen von Rostock Seehafenlogistik gelernt. Dann bin ich nach Berlin gekommen, habe erst bis 2005 im Osthafen gearbeitet. Nach der Wende hat die BEHALA den Osthafen übernommen. Der wurde bald geschlossen, und ich kam zum Westhafen.

Wir haben sechs Züge in der Woche von Hamburg nach Berlin. Von Bremerhaven kommen fünf bis sechs Züge erst nach Elsterwerda. Dort wird ein Teil ent- und beladen. Auf der Rücktour kommen sie im Westhafen vorbei und werden in der Regel voll bestückt. Die Anzahl der Container hängt von der Zuglänge ab. Die Deutsche Bahn hat gar nicht die Gleise, um die Züge entsprechend lang gestellt zu bekommen. Bei 650 Metern Zuglänge sind es ungefähr 22 Wagen. Das sind 44 40-Fuß-Container und entspricht 44 Lkw-Fahrten.

Im Terminal läuft heute Abend die Zugbeladung weiter. Wir haben eine Ausgangsliste mit genauen Angaben, auf welchen Wagen welcher Container kommt. Die Wagen eines Zuges sind ja zum Entladen nicht unbedingt für ein einziges Terminal bestimmt. Unterwegs wird der Zug an einem Rangierbahnhof noch einmal aufgeteilt. Da wird er auseinander gebaut und es entstehen wieder neue Züge. Jeder Container trägt eine Kennzeichnung. Das Präfix aus vier Buchstaben steht für den Reedereinamen, gefolgt von einer siebenstelligen Zahl.

◀ Speicher am Tempelhofer Hafen, 1917

◀ Tempelhofer Hafen mit Leinpfadbrücke, dahinter die Elektrotechnik C. Lorenz AG

TEMPELHOFER HAFEN

◀ Ullstein-Haus (1927) am Hafen Tempelhof

◀ Vom Lagerhaus zum Einkaufszentrum - der neue Tempelhofer Hafen

▲ Drei Portalkräne geben dem Quartier sein Gesicht

der bedeutendste Güter-Umschlagplatz für das Industriegebiet Tempelhof-Ost.

Während des Zweiten Weltkriegs dient der Speicher als Lebensmittellager. Kurz vor Kriegsende zerstören SS-Truppen das Gebäude. Notdürftig wieder aufgebaut, wird es vor allem während der Berlin-Blockade 1948/49 genutzt, es werden Medikamente, Lebensmittel und Brennstoffe be- und entladen. 205 000 Tonnen werden im Eröffnungsjahr des Tempelhofer Hafens umgeschlagen. 40 Jahre später, nach dem Zweiten Weltkrieg, sind es 1,7 Millionen Tonnen. Später dient der Hafen als Lager der Senatsreserve.

2007 beginnen die Arbeiten für den neuen Tempelhofer Hafen. Das frühere Lagerhaus wird fast vollständig entkernt. 2009 eröffnet das Einkaufszentrum Tempelhofer Hafen mit mehr als siebzig Geschäften. Das Restaurantschiff »Marthe« bietet Fischgerichte, erhaltene Kräne zeugen vom früheren Hafenleben, und es gibt eine Marina.

Hafen Neukölln

1905 öffnet der knapp zwei Kilometer lange Rixdorfer Stichkanal. Er zweigt vom Landwehrkanal ab und führt zur Gasanstalt von Rixdorf (seit 1912: Neukölln). In den Jahren 1912 bis 1914 verlängert man den Stichkanal in Richtung Süden um weitere zwei Kilometer und schließt ihn als Neuköllner Schiffffahrtskanal an den Teltowkanal an. Sein Bau wird ohne preußische Gelder finanziert. Er soll das Industriegebiet der Berliner Vorstadt erschließen und der Anfuhr von Materialien für Bauunternehmen sowie von Brennstoffen dienen. Der anliegende Hafen eröffnet jedoch schon 1906 mit 1 650 Meter Kailänge, Freilagerflächen und einen Gleisanschluss. Der Hafen Neukölln ist der dritte auch heute noch funktionsfähige öffentliche Hafen. Umgeschlagen werden vor allem Schrott und Kies, etwa 100 000 Tonnen im Jahr, früher auch Kohle. Der Hafen besitzt zwei Kräne und eine Verladebrücke sowie 7 400 Quadratmeter Lagerfläche. Wegen seiner Lage kann er sich für einen weiteren Güterumschlag nicht erweitern.

Die Industriebahn geht 1914 in Betrieb und existiert bis 1983, danach wird ausschließlich auf Lastwagen verladen.

Im Jahr 1985 kommen fast alle Schubschiffe aus dem Osten. Zum größten Teil haben sie Kies und Sand für das nahegelegene Betonwerk geladen. Aber auch Zink, Kupfer, Eisen und Zellulose für das Melitta-Werk werden hier gelöscht.

Der Hafen Neukölln besteht aus einem Ober- und einem Unterhafen. Im Oberhafen, dem früheren Baustoffhafen, werden vor allem Güter zum Recycling verladen. Die Verbindung zum Unterhafen bildet die Schleuse Neukölln. Mit ihr werden die nur 20 Zentimeter Wasserunterschied zwischen Teltow- und Landwehrkanal ausgeglichen. Drei 600-Tonnen-Schiffe können zugleich durchgeschleust werden.

Den Zweiten Weltkrieg übersteht der Neuköllner Hafen relativ gut, auch die Schleuse bleibt unversehrt. Einen wirtschaftlichen Tiefpunkt erlebt der Hafen Mitte der 1970er Jahre. Im Jahr 1992 gibt es Planungen im Senat, im Dreieck zwischen Britzer Zweigkanal, Teltowkanal und Johannisthaler Chaussee einen dritten

▶ Oberhafen Neukölln mit Norddeutsche Kabelwerke AG

▶ Verladebrücke und Schleuse im Unterhafen Neukölln

Kran 2.

Großhafen, den »Südost-Hafen« zu bauen. Der West- und der Osthafen würden bei weitem nicht mehr ausreichen, um die in Zukunft »erhebliche Zunahme« im Lastverkehr mit Baumaterialien zu bewältigen, heißt es. Für den Zentralhafen spräche die städtische Lage. Das neue Hafenkonzept beruht auf den Problemen für die Wasserschifffahrt in den engen Kanälen sowie im Ost- und Westhafen. 1994 entsteht auf dem Hafengelände eine Lagerhalle, in der zunächst kontaminierte Böden gelagert werden. Sie wird weiter vermietet, so die BEHALA-Geschäftsführerin Petra Cardinal. Eine andere Immobilie werde an die Werkstatt für Behinderte untervermietet. »Im Resthafen gab es mal zwei Krananlagen. Im Moment findet da nur sehr eingeschränkt ein hafenseitiger Umschlag statt.« Den Wasserumschlag würden vor allem die Metallrecycling-Betriebe selbst erledigen, ergänzt der Leiter der Logistik, Klaus-Günter Lichtfuß. Das Material werde auf der Straße angeliefert und von dort auf Schiffe umgeschlagen. »Die damaligen Krananlagen waren für ganz andere Mengen ausgelegt, als im Hafen noch ein Betonwerk existierte. In Spitzenzeiten haben wir dort 500 000 Tonnen Bauzuschlagstoffe umgeschlagen. Die Kräne sind abgebaut, der Aufwand für ihre Instandhaltung war zu groß, das war nicht mehr wirtschaftlich.« Langfristig müsse die Schleuse verlegt werden, sagt Cardinal. Sie sei etwas ungünstig platziert. Es gäbe durchaus die Möglichkeit, noch Flächen zu entwickeln. »Man muss sich die Wasserflächen genau anschauen: Sind sie sinnvoll oder sollte man langfristig ein Becken zuschütten?«

◀ Oberhafen Neukölln, rechts die Schleuse Neukölln

◀ Unterhafen Neukölln – Umschlagplatz des Metallrecyclings

Hafen Britz Ost

Heute befindet sich im Hafen Britz Ost die Außenstelle Neukölln des Wasser- und Schifffahrtsamtes. Der Hafen liegt an der Kreuzung von drei Wasserstraßen: Teltowkanal, Neuköllner Schifffahrtskanal und Britzer Verbindungskanal. Die Mitarbeiter von einer der fünf Außenstellen sind für den Betrieb und den Unterhalt von rund 75 Kilometern Wasserstraße und deren Anlagen verantwortlich. Zu ihren Fahrzeugen gehören der Eisbrecher »Seehund«, das Aufsichtsboot »Charlottenburg«, der Schlepper »Berlin« und das Schubboot »Uhu«.

Hafen Britz West

Im Hafen Britz West findet anfangs ein Umschlag von Kohle, Baustoffen und anderen Schüttgütern entlang einer Ladestraße statt, der jedoch im Lauf der Zeit immer mehr abnimmt. Feste Brennstoffe werden durch flüssige ersetzt. Um einen Vorrat an Heizöl und Diesel für West-Berlin zu sichern, baut die Firma MITA in den Jahren 1969/70 ein Tanklager für Heizöl und Diesel. Zunächst werden fünf Hochtanks zum Tempelhofer Weg hin errichtet. Als der Schüttgutumschlag eingestellt wird, folgen weitere vier Hochtanks.

Nach der Wiedervereinigung 1990 verändert sich der Markt. Außerdem ist das Lager technisch veraltet und kann wegen finanzieller Probleme nicht saniert werden. Die Firma MITA geht im Jahr 1998 in Liquidation. Mit Hilfe von russischen Investoren gelingt die Übernahme und Sanierung des Tanklagers durch die Firma GETA Berlin GmbH. Die Umschlagkapazität steigt. Es wird eine Dieseltankstelle eingerich-

▲ Hafen Britz-Ost, 1974

▶ Hafen Britz-Ost heute

tet und über eine Bunkerbootstation Gasöl in Bunkerboote und Tankschiffe ausgelagert. Das zugehörige Gewerbegebiet befindet sich 520 Meter westlich der Wilhelm-Borgmann-Brücke am Tempelhofer Weg. Heute gehört das Tanklager der TBW Terminal Britz West.

Luchs
OP
2814
WSA Berlin

ALBA

Schrotthafen Neukölln

Die Ladestraße an der Ziegrastraße 2-48 entsteht 1920/21 am Ostufer des Neuköllner Schifffahrtskanals, zwischen Sonnenallee und Kielufer. Sie ist 500 Meter lang, 11 590 Quadratmeter groß und besitzt anfangs keinerlei Umschlageinrichtungen. In den 1970er Jahren endet an der Ziegrastraße ein öffentlicher Güterumschlag. Das Gelände ist an Unternehmen verpachtet und verliert dabei den typischen Ladestraßencharakter. Durch die von Mietern installierten Umschlageinrichtungen (durch die Firma Willi Tabbert für Schrott) entwickeln sich hier mit Industriehafenanlagen vergleichbare Lösch- und Ladeplätze. 2004 verkauft die BEHALA die Anlage größtenteils an die Alba Metall Nord GmbH, die dort einen Schrotthafen hinter einer Wellblechwand betreibt. Angenommen werden in einem Freilager mit zwei Ladekränen Schrotte und Metalle wie Aluminium, Eisen, Kupfer oder Messing. Den verbleibenden Teil nutzt das Estrel Hotel für seine Strandbar »Waterfront«. Am Kanal führt eine Promenade entlang, und es besteht am Ende des Uferstreifens eine weitläufige Treppenanlage. Dort befindet sich auch ein Bootsanleger der Stern- und Kreisschiffahrt.

◀ Schrotthafen Neukölln, 1987

▲ Am Neuköllner Schifffahrtskanal treffen heute Hotel-Träume auf Resteverwertung

Hafen Lichterfelde

Abgetrennt vom Kanal zeigt sich der Hafen Lichterfelde: So kann die Treidelbahn auf einer Brücke über die Hafeneinfahrt am Ufer entlangfahren. Um 1970 wird der Damm zwischen Kanal und Hafen abgetragen, seitdem liegt das Hafenbecken direkt am Teltowkanal. Wirtschaftlich erlangt der Hafen erst wieder Bedeutung, als 1970–74 das Heizkraftwerk Lichterfelde direkt am Hafen entsteht. Es ist das damals größte Heizkraftwerk der Bewag. Über den Teltowkanal liefern westdeutsche Tankschiffe das Heizöl als Brennstoff an. Das Kraftwerk Lichterfelde darf über ein Entnahmebauwerk zum Kühlen der Kondensatoren und der betriebsbedingten Nebeneinrichtungen jährlich bis zu 140 Millionen Kubikmeter Kanalwasser entnehmen. Zur Wiederöffnung des Teltowkanals 1981 ist das Tankmotorschiff (TMS) Lichterfelde das erste von der Glienicker Lake nach Lichterfelde fahrende Schiff. Es hat 840 Tonnen Heizöl für das Kraftwerk geladen und erreicht nach drei Stunden den Entladekai. Seitdem 1998 der letzte Block des Kraftwerks auf Erdgas umgestellt ist, wird der Hafen durch das Kraftwerk nicht mehr genutzt. Heute gibt es im Hafen Lichterfelde noch eine Schrottverladestelle und einige Bootsanleger.

▶ Heizkraftwerk Lichterfelde – vom Schwerölkraftwerk zum Gaskraftwerk zum modernen Kraft-Wärme-Gaskraftwerk in fünf Jahrzehnten

JANA WITTREICH BEHALA-ANSCHLUSSBAHNLEITERIN

Ich habe von 1989 bis 1994 Verkehrswesen an der TU in Dresden studiert, ein Praktikum bei der BEHALA gemacht und meine Diplomarbeit anschließend im Bereich der Brennstoffabteilung geschrieben. Ich bin Verkehrsingenieurin und habe als Vorstandsassistentin angefangen, später in der Vermietung und im Vertrieb gearbeitet. Seit 2004 bin ich im Bereich Logistik im Bahnbereich tätig und kümmere mich um alles, von Fahrplänen bis Störungen.

Wir haben fast täglich Massengut- und Containerzüge aus den Seehäfen umzuschlagen. Die BEHALA ist auch ein eigenständiges Eisenbahnverkehrsunternehmen und Eisenbahninfrastrukturunternehmen mit zwei eigenen Lokomotiven. Wir holen die Züge unserer Kunden auf den Gleisen der Deutschen Bahn AG ab, um sie zu den Ladestellen zu bringen. Die Züge werden in Wagengruppen geteilt, die die Hafenkollegen be- oder entladen. Danach werden die Züge wieder neu gebildet.

Unsere Lokführer fahren meist im Nahbereich, sind aber auch schon mit Containerzügen nach Hamburg gefahren, die wir hier im Hafen umgeschlagen haben. Was zuletzt für Probleme gesorgt hat war eine Totalsperrung: Die Deutsche Bahn hat uns aufgrund von defekten Schwellen zwischen den Bahnhöfen BMOA (Berlin-Moabit) und BHUL (Berlin Hamburg und Lehrter Güterbahnhof) einen Monat lang komplett abgebunden. Das war der absolute Super-GAU! Die Disposition musste so umgestellt werden, dass alle Güter auf dem Wasserweg oder per Lkw nach Berlin kommen.

◀ Treidelbetrieb bei Lichterfelde

◀ Hafen Lichterfelde mit Leinpfadbrücke, ca. 1913

Hafen Steglitz

Kurz nach dem Bau des Teltowkanals errichtet die Gemeinde Steglitz 1910/11 ein eigenes Kraftwerk. Dieses Kraftwerk nutzt den Kanal, um Kühlwasser und Brennstoffe zu erhalten. Der dort erzeugte Strom wird auch für die Straßenbahn verwendet, neben dem Kraftwerk unterhält die Bahn eine Werkstatt. Die Endladeeinrichtungen befinden sich anfangs aber nicht im Hafenbecken, sondern im Kanal. Erst nach der Umrüstung von Kohle auf Öl, Ende der 1950er Jahre, werden sie in den Hafen verlagert. In der ersten Hälfte der 20. Jahrhunderts wird am Kraftwerk neben Strom auch Stangeneis produziert. Heute liefert das Kraftwerk keinen Strom mehr. Es steht mit einigen seiner Nebengebäude unter Denkmalschutz. Auf dem Gelände befindet sich das »Energie-Museum Berlin« mit einer Sammlung historischer Geräte. Nach einer Voranmeldung kann es besichtigt werden. Im nahen Bäkepark ist eine Treidellok ausgestellt.

▲ Erregermaschine der AEG im »Energie-Museum«

▶ Kraftwerk der Gemeinde Steglitz, ca. 1925

Hafen Lankwitz

Auf der Höhe des Wunsiedeler Wegs liegt der Hafen Lankwitz, der eigentlich nur eine Ladestraße darstellt. Die Oiltanking Deutschland ist dort mit 30 Tanks unterschiedlicher Größe ansässig. Das Unternehmen gehört zum zweitgrößten konzernunabhängigen Tanklagerbetreiber der Welt. Das Lager existiert seit Mitte der 1960er Jahre. An zwei Schiffsanlegestellen können Binnenschiffe ent- und beladen werden. Das Unternehmen stellt der Mineralölwirtschaft den Tankraum und die Umschlagseinrichtungen zur Verfügung. Das

▲ Blick von der Sieversbrücke auf den Hafen Lankwitz, ca. 1938

◀ Hafen Steglitz mit Treidelbrücke und Kraftwerk, 1932

◀ Der Hafen Steglitz: Postkartenmotiv der eigenständigen Gemeinde Steglitz

eingelagerte Heizöl und der Dieselkraftstoff sind auch Teil der Krisenbevorratung Deutschlands. Weiter östlich befindet sich die Kesselwagenentleerungsstation des Tanklagers. Sie ist durch oberirdische Rohrleitungen an das Tanklager angeschlossen.

◀ Noch bestimmen Tanks für Diesel und Heizöl den Hafen Lankwitz

◀ Zwischen Idylle und Reserve: Tanklager am Teltowkanal

Hafen Mariendorf

Auch der Hafen Mariendorf, 1906 errichtet, liegt am Teltowkanal. Solange das daneben liegende größte und modernste Gaswerk in Berlin arbeitet, werden im Hafen Kohle und Heizöl gelöscht. Zwischen der Kaimauer und dem Ofen

▲ Hafen Mariendorf: einst Kohlehafen für die Stadtgas-Produktion, heute Gewerbepark im Umbruch mit Industriekultur-Flair

▲ Der Teltowkanal: heute eine Nebenwasserstraße mit touristischem und ökologischem Entwicklungspotenzial

verläuft ein Schmalspurgleis für den Lorentransport. Täglich können fünf Breslauer Maßkähne mit 3 100 Tonnen entladen werden. Mitunter warten bis zu 20 Finowkähne auf das Löschen. Das Gaswerk ist auf die Stadtgasproduktion aus schlesischer Steinkohle durch Entgasung ausgelegt. Ab den 1960er Jahren beginnt die Umstellung der Gasproduktion auf Leichtbenzin und Methanol, das Gaswerk wird umgebaut. 1980 endet die Gasherstellung. In den 1990er Jahren modifiziert man die Gasversorgung von Stadt- auf Erdgas, das Gaswerk Mariendorf wird nicht länger benötigt. Seit seiner Stilllegung 1996 ist der Hafen ungenutzt.

Das frühere Gaswerk-Gelände bildet heute den Gewerbepark Marienpark, der ehemalige Hafen befindet sich an seinem nördlichen Rand. Die etwa 25 Altbauten werden inzwischen von kleinen und mittelständischen Unternehmen genutzt. Von den beiden Gasometern ist noch einer erhalten, zusätzlich gab es zwei Kugelgasbehälter.

Hafen Rudow-West

Entlang des Teltowkanals wird in Rudow ein Gewerbegebiet geplant, die Häfen Rudow-West und Rudow-Ost liegen am Randbereich. Im

▲ Kraftwerk Rudow mit Teltowkanal und Grenzanlagen, vor 1989

Hafen Rudow-West bilden zwölf Tanks ein Lager der Unitank, einem zur Krisenbevorratung gegründeten Mineralöllogistikunternehmen. In den weißen Tanks wird Diesel gespeichert, der per Schiff oder in Kesselwagen angeliefert wird. Das Industrieanschlussgleis besteht seit 1963 und ist die Verlängerung des Gleises in die Kanalstraße (Hafen Rudow-Ost). Es führt bis 2003

◀ Das Unitank-Lager mit Gleisanschluss zur Neukölln-Mittenwalder Eisenbahn

zum ehemaligen Bewag-Heizkraftwerk, einem 1961-63 erbauten Steinkohlekraftwerk nach dem Prinzip der Kraft-Wärme-Kopplung. Die elektrische Leistung beträgt 175 Megawatt, die thermische 130 Megawatt. Das Kraftwerk Rudow entnimmt pro Jahr bis zu 120 Millionen Kubikmeter Kanalwasser und nutzt es zum Kühlen. Über den Gleisanschluss der Neukölln-Mittenwalder Eisenbahn werden täglich bis zu 1 200 Tonnen Steinkohle in Großraumwagen angeliefert. Das Kraftwerk versorgt rund 20 000 Wohnungen der Gropiusstadt und das Krankenhaus Neukölln mit Wärme. 2004 wird das kohlebefeuerte und umweltschädliche Kraftwerk stillgelegt und mit dem Grundstück zwei Jahre später verkauft. Der Unternehmer lässt das Kraftwerk bis 2008 abbauen, in Container verpacken und zum Wiederaufbau nach China transportieren. Auf dem Gelände entstehen Wohnhäuser.

▲ Blick auf den Teltowkanal von der Massantebrücke

Hafen Rudow-Ost

Nach Fertigstellung der Hafenanlage erhält die Kanalstraße, die parallel zum Teltowkanal verläuft, ihren Namen. In einem Stadtplan aus dem Jahr 1911 ist sie bereits eingezeichnet. 1907 wird ein Nebengleis der Neukölln-Mittenwalder Eisenbahn in die Kanalstraße verlegt und endet dort. Bis Mitte der 1920er Jahre zieht neben Chemiefabriken vor allem die holzverarbeitende Industrie nach Rudow, die von den günstigen Verkehrsanschlüssen und großen Freiflächen profitiert. Heute versorgt ein ökologisch sauberes Holzheizkraftwerk auf dem ehemaligen Grundstück der Eternit AG die Gropiusstadt mit »grüner« Fernwärme (65 Megawatt) und Strom (20 Megawatt). Das Kraftwerk benötigt ca. 240 000 Tonnen Holz pro Jahr, täglich werden dort zwei Schiffe entladen. Das Holzheizkraftwerk arbeitet nach dem Prinzip der Kraft-Wärme-Kopplung: Brennstoffenergie wird in einem Prozess zu Strom und Wärme. Eternit (Deutsche Asbestzement) ist das größte Unternehmen entlang der Kanalstraße. Die Gebäude der Maschinenfabrik, Eisen- und Metallgießerei Rudolf A. Hartmann aus den Jahren 1913 bis 1917 und 1926/27 in der Kanalstraße 55, teils im Stil der Neuen Sachlichkeit, stehen unter Denkmalschutz. Einst wurden dort unter anderem Kochanlagen für Walfangschiffe gebaut.

▶ Die Eternit AG gehörte zu den größten Ansiedlungen an der Kanalstraße

▶ Heute versorgt ein Holzheizkraftwerk die Gropiusstadt mit Strom und Wärme

Hafen des Kraftwerks Klingenberg

Das ursprüngliche Kraftwerk aus dem Jahr 1926 besteht aus dem Elektrizitätswerk, dem Heizwerk mit acht jeweils 70 Meter hohen Schornsteinen, Kohlebunkern, Mahlwerken und einem Hafen in einem Stichkanal, der von der Spree abzweigt. Über den Hafen führt die Klingenbergbrücke, benannt nach Georg Klingenberg, dem Pionier des modernen Kraftwerkbaus. Die Anlage liefert 270 Megawatt elektrische Leistung und ist in ihrer Zeit die größte und modernste in Europa.

Die Kohleanlieferung erfolgt mit der Bahn und auf dem Wasser, aus dem Hafen von Königs Wusterhausen verschleppt. Er liegt hinter der südöstlichen Stadtgrenze Berlins und ist der größte Hafen Brandenburgs. Es wird dort vor allem Kohle aus der Lausitz, die mit dem Zug eintrifft, umgeschlagen. Schubschiffe transportieren den Brennstoff anschließend auf Dahme und Spree nach Berlin. Zu den größten Abnehmern des Kraftwerks zählt die Deutsche Reichsbahn, um die spätere S-Bahn mit Strom zu versorgen. In unmittelbarer Nähe befindet sich das Städtische Flussbad Lichtenberg, ein Freibad mit vier Becken. Das Badewasser wird mit dem warmen Kühlwasser des Kraftwerks auf Temperaturen bis zu 35° C beheizt. Im Mai 2017 endet die Verbrennung von Braunkohle, das Heizkraftwerk erzeugt fortan Wärme und Strom mit Erdgas für über 300 000 Haushalte.

Die Lage des Spenner Zementwerks Berlin direkt an der Spree ermöglicht den Antransport von ca. 90 Prozent seiner Rohstoffe per Schiff über diesen Hafen. Das Zentrum Industriekultur Berlin führt auf seiner Fahrradroute »Wasser und Strom« über 21 Kilometer entlang der Spree von Treptow nach Oberschöneweide in die Elektropolis Berlin. Das Kraftwerk Klingenberg und die Flussbadeanstalt Lichtenberg sind Teil der Strecke.

▲ Heute wird das Heizkraftwerk Klingenberg in Rummelsburg mit Erdgas betrieben

◀ Kraftwerk Klingenberg, errichtet 1926. Steinkohle und vor allem Braunkohle wurden bis 2017 verfeuert, hier Zustand 1960

◀ Das Städtische Flussbad Lichtenberg wurde mit dem Kühlwasser des Kraftwerks beheizt

Hafen Heizkraftwerk Ernst Reuter

1929 wird in Siemensstadt ein Hafenbecken angelegt und der Kühlwasserkanal ausgehoben, 1931 geht das Kraftwerk West in Betrieb. Der eigene Hafen dient zum Umschlag großer Mengen Steinkohle. Es sind weiter ein Kohlebahnhof mit Großbunker vorhanden sowie umfangreiche Transportvorrichtungen. Die Lagerflächen für Kohle und die Kaianlagen für die Schiffsentladung werden ständig erweitert. Das Kraftwerk West mit einer Leistung von 228 Megawatt entspricht seinem Pendant, dem Kraftwerk Klingenberg als zweitem Großkraftwerk. Es soll zunächst die Elektrizitätsversorgung des Berliner Westens übernehmen. Nach der Teilung Berlins wird das Bewag-Kraftwerk in mehreren Ausbaustufen zum wichtigsten Stromlieferanten West-Berlins. 1969 erfolgt der Umbau zu einem Heizkraftwerk, das neben Strom auch Fernwärme erzeugt.

▲ Ernst-Reuter-Kraftwerk in Charlottenburg, ca. 1950

Das neue Heizkraftwerk Reuter West wird

1985–1989 westlich des alten Kraftwerks Reuter, des vormaligen Kraftwerks West, errichtet. Es ist das leistungsstärkste Berliner Heizkraftwerk. Die Kohleanlieferung – täglich werden rund 33 000 Tonnen Steinkohle verbraucht – erfolgt über Schiffsanlegestellen am Nordufer der Spree und im Hafen. Auf dem Gelände verlaufen Gleise für den Kohlen-, Gips- und Aschetransport.

Im September 2019 schließt Vattenfall, der Käufer der Bewag, Europas größte Power-to-Heat-Anlage im Kraftwerk an das Fernwärmenetz an. In Zeiten hoher Stromproduktion kann diese nun das Fernwärmenetz stärken.

Der Kraftwerksblock Reuter C, Teil des alten Heizkraftwerks Reuter, wird dagegen 2019 abgeschaltet. An diesem Standort experimentiert Vattenfall mit Energiealternativen nach dem Kohleausstieg. So wird die Turbine des Kraftwerks heute durch den Dampf der benachbarten Müllverbrennungsanlage betrieben.

▲ Das Heizkraftwerk Reuter West wird heute mit Steinkohle betrieben. Eine Umrüstung auf Gas und Wasserstoff ist geplant

Treptower Hafen

Unmittelbar neben dem S-Bahnring starten die Fahrgastschiffe im Treptower Hafen an der Spree – viele Berliner nennen ihn immer noch »Dampferanlegestelle«. Eine breite Promenade führt am Ufer mit Parkbänken und mehreren Imbiss-Ständen entlang. Dahinter erstreckt sich der Treptower Park mit seinen alten Baumbeständen, gepflegten Gartenflächen, dem Sowjetischen Ehrenmal und der Archenhold-Sternwarte.

Der Stettiner Großkaufmann Gustav Krokisius gründet im August 1888 die Spree-Havel-Dampfschiffahrtsgesellschaft. Sie trägt den Beinamen »Stern«, mit 17 Schiffen nimmt sie ihren Betrieb auf. Im Jahr 1934 fusioniert das Unternehmen mit der Teltower Kreisschiffahrt zur Stern- und Kreisschiffahrt der Teltowkanal

▲ Und sonntags nach Schmöckwitz, Dampferanlegestelle am Treptower Park

▶ Strahlen muss ein »Weiße Flotte«-Dampfer, März 1956

RCONA

AG. Die Teilung Berlins nach 1945 hat zur Folge, dass die Stern- und Kreisschiffahrt fortan nur in West-Berlin fährt.

Am Morgen des 8. Juni 1962 entführen 13 junge Ost-Berliner mit einem Baby den Ausflugsdampfer »Friedrich Wolf« der Weißen Flotte. Den Kapitän und den Maschinisten setzen sie zuvor unter Alkohol und sperren sie in ihre Kabinen unter Deck ein. Nur 15 Minuten soll die dramatische Fahrt vom Treptower Hafen bis in den Landwehrkanal in Kreuzberg gedauert haben. Gegen 5.05 Uhr nähert sich das Schiff, aus Treptow kommend, der Oberbaumbrücke. In Höhe des Landwehrkanals dreht es plötzlich bei und fährt mit voller Kraft auf die in West-Berlin gelegene Obere Schleuse zu. Drei DDR-Grenzboote verfolgen den Dampfer und nehmen ihn unter Beschuss: 135 Kugeln werden aus allen Richtungen abgefeuert. Im Kugelhagel landet das Schiff am West-Berliner Ufer an. Fortan werden alle Fahrgastschiffe in Ost-Berlin nachts bewacht – und die Steuerräder müssen abgeschraubt und bei der Betriebsaufsicht deponiert werden.

▲ Schiffe der »Weißen Flotte« starten in den Frühling, März 1961

Später wird der gesamte Ausflugsverkehr mit Fahrgastschiffen in den Innenstadtbereich

von Ost-Berlin eingestellt. Somit fährt kein Schiff mehr durch den Osthafen zur Jannowitzbrücke, sondern nur noch von Treptow in Richtung Osten.

Die deutsche Wiedervereinigung führt 1992 zur Vereinigung mit der Ost-Berliner »Weißen Flotte Berlin«. Heute betreibt das Unternehmen mit Sitz am Treptower Park 32 Schiffe und ist damit das größte Fahrgastschiff-Unternehmen in Berlin. In der Saison finden täglich etwa 90 Abfahrten auf 30 verschiedenen Linien mit ca. 90 Anlegestellen statt.

Als die Hauptstadt Berlin Ende des 19. Jahrhunderts boomt und die Einwohnerzahl ansteigt, leben die meisten Berliner in trostlosen sozialen Verhältnissen. Für wenigstens ein paar Stunden wollen sie Zerstreuung und Erholung vom Alltag erleben. Die Spree und die grüne Umgebung Berlins mit ihren Seen sind nicht weit, und so siedeln sich an ihren Ufern viele Ausflugsgaststätten an. Doch eine beschauliche Gondelfahrt auf der Spree, wie sie bis Mitte des 19. Jahrhunderts noch üblich ist, wird stets schwieriger. Denn die Transportschifffahrt und die Nutzung der Uferareale nehmen für die sich ausdehnenden Fabriken rasant zu. Eine Alternative zu den Vergnügungsbooten

▲ Saisonstart der »Weißen Flotte«, April 1986

liefern Dampfschiffe, die größere Strecken und zahlreiche Passagiere aufnehmen können. Das erste größere Unternehmen ist die Berliner Dampfschiffahrt-Gesellschaft. Diese sollte 1876 bereits etwa 262 000 Personen befördern und besitzt 1881 insgesamt 14 Dampfschiffe. 1888 wird dieses Unternehmen von der Spree-Havel-Dampfschiffahrtgesellschaft Stern übernommen, ebenso wie die Stralauer Dampfschiffahrts-Gesellschaft mit fünf Dampfern und die Reederei A. Gebhardt in Potsdam mit vier Dampfern. Die Berliner Fahrgast-Schifffahrt verfügt vor dem Zweiten Weltkrieg über rund 300 Einheiten. Nach Kriegsende wird sie auf einen Bestand von etwa 70 Schiffen, darunter nur ganz vereinzelt moderne größere, zurückgeworfen. Stets schweben sie in der Gefahr sowjetischer Zugriffe. In den 1950er Jahren beträgt die Zahl der Westberliner Fahrgastschifffahrtsbetriebe 33. Sie befördern im Jahr 1964 in West-Berlin auf Spree, Havel und den Seen 2,6 Millionen Fahrgäste. Heute befördern mehr als 100 Fahrgastschiffe in Berlin bis zu 3 Millionen Passagiere jährlich.

▲ Blick spreeaufwärts, rechts Treptower Hafen, im Hintergrund Rummelsburger Bucht und Kraftwerk Klingenberg

Hafen Rummelsburg

Ein 2010 bis 2012 neu angelegtes Hafenbecken in Oberschöneweide bildet den Hafen Rummelsburg nördlich des ehemaligen Funkhauses an der Nalepastraße. Der Hafen entsteht für die Fahrgastschiffe der Reederei Riedel neben einem 1966 stillgelegten Kraftwerk auf dem Gelände eines angrenzenden Mineralöllagers. Nach dem Zweiten Weltkrieg betreibt die VEB Minol hier eine Schiffstankstelle. 1967 findet der Abriss der ersten Hochtanks statt, bis 1983 fallen alle übrigen Tanks. Von der Spree aus führt eine 12 Meter breite Zufahrt in den Hafen, an seinem Becken gibt es einen 200 Meter langen Uferstreifen. Dort befindet sich für Fahrgastschiffe auch eine 65 Meter lange Notliegestelle. Das Hafenbecken liegt neben der Insel Bullenbruch. Ein zur Stromversorgung geplantes Gebäude dient heute der Reederei als Verwaltungsgebäude. In einer weiteren Werkhalle, ursprünglich als Fernwärmeübergabestation für das Rundfunkareal genutzt, befinden sich heute eine Tischlerei und eine Metallbauwerkstatt.

▲ Doppelschraubendampfer Hertha, gebaut 1886, im Hafen Rummelsburg. Auf diesem historischen Fahrgastschiff wurde 1892 der Fußballclub Hertha BSC gegründet

Rob Reichelt
Zelte Planen
Rob. Reichelt
Wasserdichte Segeltuche
Rob Reichelt

10 t
Nr 1554
10 t
Nr 1554
S
PBn

Historischer Hafen

Am Märkischen Ufer im beginnenden Spreekanal und an der Spitze der Fischerinsel bilden über dreißig ältere Binnenschiffe den Historischen Hafen Berlin. Sie liegen vor Anker oder sind an alten Kaimauern festgemacht: Maß- und Lastkähne, Fahrgastschiffe, Dampf- und Motorschlepper werden im ältesten Stadtgebiet Berlins vor der Verschrottung gerettet. Früher versorgten von hier aus Fischerboote die Märkte.

Der 1990 gegründete Historische Hafen will die Schiffe erhalten und weiter be-

▲ Blick von der Kurfürstenbrücke auf das Dammühlengebäude, 1909

◀ Alt Berlin 1912, Blick von der Straße Neukölln am Wasser, rechts unten die alten Fischkästen

◀ An der Mühlendammschleuse mit Blick auf den Dom

◀ Mühlendamm, Keimzelle der Doppelstadt Berlin-Cölln, um 1935

▲ Wintertag auf der Oberspree mit Blick vom Mühlendamm zur Waisenbrücke, um 1920

▲ Blick von der Mühlendammbrücke spreeaufwärts, 1960

▲ Die Mühlendammschleuse mitten in Berlin

▲ Blick über die Mühlendammschleuse auf das Märkische Museum. Rechts der Historische Hafen Berlin

▲ Auch heute fahren vereinzelt Lastschiffe zwischen Humboldt Forum und Marx-Engels-Forum in Richtung Berliner Dom

ANDREAS
BERLIN

treiben. Insgesamt sechs Gesellschaften und Vereine haben sich zusammengeschlossen, allen voran die »Berlin-Brandenburgische Schiffahrtsgesellschaft e. V.«. Die wertvollsten Stücke der Sammlung sind die Schleppdampfer »Andreas« und »Seima«. Weiter gibt es zahlreiche Schleppkähne, Schuten und Stoßboote. Der Jahreshöhepunkt ist das dreitägige Hafenfest am letzten Augustwochenende. Die »Hafenbar Fischerinsel« hat mittwochs bis sonntags von 14 bis 20 Uhr geöffnet. Auf dem Künstlerkahn »Helene« ist die Kunstschule »Drink and Draw – Kunst und Kultur auf der Spree« zuhause. Und der Schleppkahn »Horst« (1906) will einen Beitrag gegen das Pflanzensterben leisten. Er ist bestückt mit gefährdeten Arten aus Auen, Weichholzauen und Erlenbruchwäldern, die ursprünglich entlang der Brandenburgischen Gewässer wuchsen.

◀ Blick über Spreekanal und Spree in Richtung Rolandufer mit Niederländischer Botschaft

◀ Märkisches Ufer mit Historischem Hafen Berlin

Zwei Kreuzfahrtterminals

Es gibt keinen zentralen Berliner Hafen für Flusskreuzfahrtschiffe. Seit 1992 finden Fahrten mit Kabinenschiffen ab Tegel bis zur Elbe, zu den Ostseegewässern und nach Hamburg statt. Umgekehrt machen Kreuzfahrtschiffe zwei bis drei Tage in Berlin Station. Für das Ankern ist eine Liegegebühr an den Terminal-Betreiber zu zahlen. Die Greenwichpromenade in Berlin-Tegel bietet dazu eine Anlegestelle, seit 2010 mit einem neuen Terminal. Im Jahr 2005 macht es der Senat mit einer Förderzusage möglich, dass internationale Kreuzfahrtschiffe in Berlin anlegen. Zuvor führen die Kreuzfahrtrouten mangels geeigneter Anlegestellen über Potsdam, und damit an der Hauptstadt vorbei.

Eine weitere Anlegestelle befindet sich am Spandauer Burgwall 23 auf dem Ufergelände der Schiffsbunkerstation Gersbeck. Das dortige »1. Kreuzfahrtterminal Berlin« existiert seit 2004. Kabinenschiffe treffen aus Basel oder den Niederlanden ein, es können immer drei Schiffe gleichzeitig festmachen. 1999 sind es insgesamt 16 Anlegemanöver von zwei Reedereien, schon im Folgejahr wächst die Zahl auf 42 von sieben Reedereien. Flusskreuzfahrten bleiben im Trend.

▲ Ausflugsdampfer an der Strandpromenade Tegel, 1936

▶ Tegel, Blick auf Eiswerk mit Eishafen und Restaurant »Strandschloss«

▶ Flusskreuzfahrten erreichen Berlin in Tegel (und Spandau)

14

3. September 1923: die ersten beiden Becken des Westhafens werden eröffnet

100 Jahre BEHALA

und die Hafenentwicklung bis in die Zukunft

Bereits vor einhundert Jahren musste die Stadt Berlin den Hafenbetrieb lange Jahre bezuschussen. Die Kosten für den Osthafen steigen, die Mittel zur Fertigstellung des Westhafens bringt die Stadt allein auf. Dabei sind die Hafenanlagen am Umschlag- und Lagerverkehr nur ungenügend beteiligt. Umgeschlagen wird überwiegend an den Ladestraßen (zum Beispiel am Kronprinzenufer und am Friedrich-Karl-Ufer), es fehlt an Aufträgen. So kommt es am 26. Februar 1923 zur Gründung der BEHALA, der »Berliner Hafen- und Lagerhaus Aktiengesellschaft, Generaldirektion der Berliner Häfen«. Ihre Aufgabe ist es, sechs öffentliche Häfen zu betreiben, die dafür notwendigen Grundstücke werden der BEHALA in einem Erbbaurechtsvertrag übertragen: Osthafen, Westhafen, Spandauer Südhafen, Neuköllner Hafen, Tegeler Hafen und Urbanhafen. An der BEHALA beteiligt sind damals als Privatfirmen die größte deutsche Transportfirma Schenker & Co GmbH und zu je einem Viertel die Spedition Carl F. Busch & Co. GmbH sowie die Stadt Berlin. Ergänzt wird der Betrieb durch einen Pachtvertrag für 18 Ladestraßen einschließlich des Nordhafens, des Schöneberger Hafens und des Humboldt-

hafens. Durch die Geschäftsverbindungen großer Speditionen soll das Umschlaggeschäft deutlich ausgeweitet werden.

Die Verwaltung der BEHALA bezieht das repräsentative Hauptgebäude im Westhafen mit seinem prägenden Turm. Seit 1914 wird gebaut, 1923 eröffnet der Westhafen. 1927 sind ein drittes Hafenbecken und die Kaianlage am Berlin-Spandauer-Schifffahrtskanal fertiggestellt. Im selben Jahr entfällt der Zusatz »Generaldirektion der Berliner Häfen« in der Firmenbezeichnung. Die BEHALA kauft 1929

den Viktoriaspeicher I. In die Anlagen sämtlicher Hafenstandorte wird in den 1930er Jahren verstärkt investiert.

Doch die Weltwirtschaftskrise wirkt sich auch auf die BEHALA-Umschlagszahlen aus: sie gehen in den Jahren 1929 bis 1932 um fast 30 Prozent zurück. Dann aber steigt die Gesamtumschlagmenge von 1,9 Millionen Tonnen im Jahr 1932 auf 2,4 Millionen Tonnen (1935).

▲ Westhafen – Sitz der BEHALA seit 1923

Nach der nationalsozialistischen Machtergreifung wird der Vorstand der BEHALA unter dem Vorwand unsolider Finanzpolitik am 10. April 1933 entlassen. Linientreue Funktionäre der NSDAP übernehmen den Hafenbetrieb. Der BEHALA-Direktor Hermann Korff wird verhaftet. Auch der BEHALA-Syndikus Karl Schünig sowie der BEHALA-Aufsichtsratsvorsitzende und Schenker-Geschäftsführer Marcell Holzer kommen in Haft. Zu einer außerordentlichen Generalversammlung am 18. Mai 1933 übertragen die beiden Aktionäre Schenker und Busch unter Vermittlung der Reichsbahn vorläufig ihre Stimmrechte auf die Stadt Berlin, so kann der Aufsichtsrat ausschließlich von der Stadt besetzt werden. Langwierig wird mit der Reichsbahn über Ausgleichsleistungen der Stadt Berlin verhandelt. Schließlich werden die durch die Reichsbahn von den Firmen Schenker und Busch zur Weitergabe an die Stadt Berlin erworbenen BEHALA-Aktien am 5. Oktober 1934 an den Magistrat übereignet. Seitdem ist das Land Berlin Alleineigentümer der Häfen. Am 1. Januar 1937 findet die Umwandlung der BEHALA zu einem Eigenbetrieb der Stadt Berlin statt. Sie trägt seitdem den Namen »BEHALA Berliner Hafen- und Lagerhaus-Betriebe«.

Zahlreiche Arbeiter werden im Zweiten Weltkrieg zum Wehrdienst eingezogen. Die ab 1940 eingesetzten Kriegsgefangenen aus Frankreich und Italien, später auch Zwangsarbeiter können die fehlenden Arbeitskräfte bei den Hafenarbeiten nur teilweise ersetzen. Um die Arbeit zu bewältigen, muss die inzwischen auf 53 Wochenstunden erhöhte Arbeitszeit häufig überschritten werden. Gegen Ende des

▲ Hafenbecken 2 mit der BEHALA-Verwaltung: Laden, Entladen, Organisieren

Zweiten Weltkriegs besetzen im April 1945 rund 700 SS-Männer den Westhafen, um die dort noch vorhandenen umfangreichen Lebensmittel-, insbesondere Getreidevorräte, für sich zu sichern.

Im Zweiten Weltkrieg endet die positive Entwicklung des Hafenumschlaggeschäfts. Immer weniger Getreide wird angeliefert. Die Verdunkelungsverordnung erschwert den Betrieb der Häfen. Mit Beginn des Krieges werden im September 1939 im Westhafen drei und im Osthafen zwei Heeresersatzverpflegungsmagazine eingerichtet. Die Umschlagarbeiten, deren Tonnage-Zahlen geheim sind, führt die Wehrmacht zum Teil selbst durch. Die BEHALA bewirtschaftet die für Getreidelagerung beschlagnahmten Messehallen.

Wie im gesamten Berliner Stadtgebiet sind am Kriegsende im Mai 1945 auch die Zerstörungen in den Häfen beträchtlich. Gesprengte Brücken und gesunkene Kähne blockieren die Zufahrten. Die Besatzungsbehörden ordnen einen Drei-Schicht-Betrieb, auch an Sonn- und Feiertagen an. Die Hafenanlagen sollen wiederhergestellt, die Demontagelieferungen abgewickelt werden. Vom Osthafen fahren die Kähne mit Reparationsgütern beladen nach Osten. Der Magistrat erhält von den Besatzungsmächten 30 der beschlagnahmten Kähne mit 7 818 Tonnen Laderaum zugewiesen. Sie bilden den Anfang der Berliner Binnenflotte.

Sind die Häfen früher hauptsächlich für den Stückgutumschlag geplant und gebaut worden, so verliert dieser nach dem Zweiten Weltkrieg immer mehr an Bedeutung und macht dem Massengut Platz. Mit Beginn der

▲ Fossile Energie: Kohle bestimmte mehr als 100 Jahre die Hafenentwicklung Berlins

PETER BENDER HAFENLOGISTIKER

Das Kranfahren steckt in einem drin. Ich kann gar nicht anders. Ich bin seit 2017 im Ruhestand und arbeite noch auf 450 Euro-Basis im Westhafen. Angefangen habe ich 1972 als Kranfahrer im Hafen Eisenhüttenstadt, im »Eisenhüttenkombinat Ost«. 1982 kam ich nach Berlin, war im Osthafen und bin im Jahr 2006 nach seiner Schließung zum Westhafen gekommen.

Als ich rüberkam, hörte ich so Sprüche wie »Jetzt werden wir den Ossis erst mal das Arbeiten beibringen«. Aber das ging nach hinten los. Die Westler wussten nicht, dass wir im Osthafen auf Akkord arbeiteten. Im Osthafen haben wir alles gemacht, egal ob Stückgut oder Schüttgut. Wir sind ganz anders Kran gefahren wie die Westler, brachten eine viel höhere Leistung. Wir waren einfach schneller. Wenn ich bei einem Schiff mit knapp 1 200 Tonnen auf den Kran gehe, bin ich ungefähr eine Stunde früher fertig.

Die Kräne im Westhafen waren damals viel älter als die im Osthafen. Der Osthafen war mit neuerer Technik besser ausgestattet. Heute steht im Osthafen nur noch ein einziger Kran, der einzige Schwerlast-Kran Ost-Berlins am Wasser aus dem Jahr 1913.

Kommt ein Zug zu spät in den Westhafen, wird der ganze Ablauf durcheinandergebracht. Die Arbeiter erscheinen alle zur Frühschicht. Alle stehen startklar, und wer nicht kommt, ist der Zug. Es gibt Entladefristen: zu einer bestimmten Zeit muss der leere Zug wieder rausfahren. Man unternimmt dann alles, um den Zug mit Überstunden noch irgendwie leer zu kriegen.

▲ Umschlagarbeiter: Stückgut wird von Hand bewegt

▶ Kranführer: Massengut wird maschinell bewegt

Blockade der Westsektoren Berlins im Juni 1948 geht in den dort gelegenen BEHALA-Häfen der Gütereingang um zwei Drittel zurück. Die Schifffahrt ist vom Westen her unterbrochen, die Berliner Binnenschifffahrt erweist sich aber als sehr nützlich. Vom Luftbrückenflugplatz Tempelhof wird Kohle zu den Vereinigten Berliner Kohlehändlern (VAUBEKA) am Teltowkanal gebracht und von dort per Kahn weitertransportiert. Auch von Kladow wird Kohle per Schiff zu den einzelnen Kohlelagern, zur Bewag, den Gasanstalten und den Wasserwerken abgefahren. Englische Flugboote wassern auf der Havel. Die Luftbrückengüter werden von 30 Schiffen weitertransportiert. Selbst der Abtransport vom Flugplatz Tegel geschieht zum Teil auf dem Wasserweg. Die Berliner Flotte befördert vor der Blockade durchschnittlich 25 000 Tonnen im Monat. Während der Blockade erhöht sich die Leistung auf 30–40 000 Tonnen. Die Luftbrücke bringt im Juni 1949 rund 200 000 Tonnen Güter nach Berlin, darunter 153 000 Tonnen Kohle. Da diese zum größten Teil auf dem Wasserweg abtransportiert wird, erweist sich die Berliner Binnenschifffahrt als die wichtigste Ergänzung zur Luftbrücke.

Mit der Teilung Berlins im September 1948 werden der östliche Teil des Humboldthafens und der Osthafen aus der Gesamtverwaltung der BEHALA herausgelöst und als volkseigener Betrieb unter der Firmierung VEB BEHALA-Osthafen weitergeführt. Nach dem Ende der Berlin-Blockade beginnt im Mai 1949 eine Bevorratungsaktion durch den West-Berliner Senat und die Alliierten, die in den Krisenjahren 1958 (Chruschtschow-Ultimatum) und 1961 (Berliner Mauer) erweitert wird. Mit der Senatsreserve will die Stadt künftig weniger Pressionsversuchen der DDR ausgesetzt sein. Direkt nach dem Blockade-Ende im Mai 1949 beginnen die Einlagerungen. Deshalb ist in jenem Jahr mit 1 163 Mitarbeitern die höchste Zahl an BEHALA-Mitarbeitern erreicht. Zunächst erfolgt die Einlagerung überwiegend im Westhafen, mit Ausweitung der Senatsbevorratung auf alle Güter des täglichen Bedarfs mietet die BEHALA zusätzliche Lagerhallen an. Nach einer Kommandanturanordnung soll sich West-Berlin einen Vorrat an einer Million Tonnen Versorgungsgüter anlegen. Sämtliche Speicher und Lagerplätze in den Westsektoren werden mit Lebensmitteln und Kohle angefüllt, um als Vorratskammern zu dienen. Erst mit Abschluss der Ostverträge zu Beginn der 1970er Jahre kann der Umfang der Senatsbevorratung stufenweise reduziert werden.

▶ Umschlagarbeiten im Wandel

West-Berlin und seine Häfen werden nach 1948 massiv mit Bundesmitteln aus dem Marshall-Plan unterstützt. So schreitet der Wiederaufbau des Westhafens schnell voran, während der Osthafen an den Folgen der Demontage leidet. Im September 1949 ist der Landwehrkanal wieder voll befahrbar, ebenso die Wasserstraßen von Tegel nach Spandau oder über Plötzensee und Mühlendammschleuse nach Treptow. Seit den 1950er Jahren werden überwiegend Massengüter auf dem Wasserweg transportiert, das Stückgut geht an den Lkw-Verkehr verloren.

Neue Ladeformen setzen sich durch: Die Ware wird jetzt mit Pumpen, Kränen, Saug- und Förderanlagen bewegt. So werden im Westhafen Ende 1950 wieder 80 Prozent der Vorkriegskapazität erreicht.

4082

DHL

In den Jahren 1952 bis 1954 zentralisiert die BEHALA den Umschlag und trennt sich von 14 Ladestraßen, die in Grünanlagen umgewandelt werden. Nur die Ladestraßen Ziegra- und Lahnstraße, Friedrich-Krause-Ufer und Spreebord verbleiben bei der BEHALA. Auf dem Spreebord werden Lastkähne entladen, die das Heizkraftwerk Charlottenburg mit Kohle versorgt. 1960 verkauft die BEHALA die Ladestraße an die Bewag. Schiffer, die als Westberliner Bürger die Lokalschifffahrt bilden, sind an den Raum West-Berlin gebunden und können nicht am Interzonenschiffsverkehr teilnehmen. Rund 60 Schlepper und etwa 130 Kähne fallen für die Gütertransporte nach Berlin aus. Nach Auffassung der sowjetzonalen Behörden untersteht auch die Westberliner Schifffahrt ihrer Aufsicht und darf nur nach Weisung fahren.

Im Jahr 1954 werden insgesamt 2 776 Schiffe ent- oder beladen – der Güterumschlag ist nur noch ein Teil des Berliner Hafengeschäfts. Wichtiger wird die Lagerfunktion des Hafens. Etwa 75 Prozent der Umsätze werden im Lagereibetrieb und die restlichen 25 Prozent durch Güterumschlag und Speditionsleistungen erzielt. Die BEHALA verliert nicht nur ihre Bedeutung für den Sowjetsektor und den größten Teil ihres Geschäfts mit dem sowjetisch besetzten Besatzungsgebiet. Die BEHALA leidet auch unter den Behinderungen der Binnenschifffahrt und die Abwanderung vieler Güter vom Wasserweg auf die Straße.

Mitte der 1960er-Jahre ist die Kapazität der West-Berliner Hafenanlagen, was die Leistung der Kräne angeht, nur zu knapp 30 Prozent ausgelastet. Inzwischen wird nicht mehr umgeschlagen, sondern abgeladen. Die Ausdehnung des Netzes von schiffbaren Wasserwegen in Berlin beträgt 182 Kilometer. Davon entfallen auf West-Berlin 114 Kilometer, von denen wiederum 24 Kilometer einen Teil der Sektoren- und Zonengrenze bilden. Um den Schiffsverkehr in die Sowjetische Besatzungszone (SBZ) nicht über West-Berlin fahren zu lassen, wird seit dem Mauerbau die Schifffahrt der SBZ über den 35 Kilometer langen Kanal von Paretz nach Nieder Neuendorf geleitet. Im Interzonenschiffsverkehr müssen seit Juli 1965 aufgrund einer sowjetischen Anordnung Erlaubnisscheine mitgeführt werden, ausgestellt von den SBZ-Behörden. Diese Erlaubnisscheine sind ein Jahr gültig und kosten 200 DM. Für die Verlängerung für jeweils ein Jahr werden 100 DM Gebühren verlangt.

▶ Container verändern den Hafenbetrieb

Die besondere Lage West-Berlins bringt im Lagereigeschäft durch die Bevorratung eine mit dem übrigen Bundesgebiet nicht vergleichbare Situation der öffentlichen Häfen. Der Anteil der Lagerei am Gesamtumsatz der BEHALA liegt 1973 bei 50 Prozent, während der Umschlag 30 Prozent und die Vermietung und Verpachtung acht Prozent betragen. Die BEHALA bemüht sich bei Industrieansiedlungen um Betriebe, die jährlich mindestens 80 000 Tonnen umschlagen. Dabei wird vertraglich vereinbart, dass die jeweilige Firma mindestens die Gebühren für 70 Prozent dieses Umschlags zahlen muss, auch wenn sie einen geringeren Jahresumschlag hat. Während von rund 10,9 Mill. Tonnen Gütern aus dem Bundesgebiet im Jahr 1977 rund 52 Prozent auf der Straße nach Berlin transportiert werden, liegt der Anteil der Bahn bei 20 Prozent und der der Binnenschifffahrt bei 28 Prozent. In

TERBERG
BEHALA
msc
B HL 7117

umgekehrter Richtung, das heißt aus Berlin, werden nur 3,6 Millionen Tonnen befördert. Dies geschieht zu nahezu 80 Prozent per Lkw, während Binnenschiffe 13 Prozent und die Eisenbahn nur ca. sieben Prozent transportieren.

Von den etwa 90 Be- und Entladeplätzen in Berlin gehören der BEHALA lediglich zehn. Da eine Steigerung des Umschlags und der Lagerung der für den Hafenbetrieb wichtigen Massengüter kaum zu erwarten ist, müssen neue Entwicklungs- und Beschäftigungsstrategien für einen Teil der vorhandenen Anlagen und Arbeitskräfte entwickelt werden. 1987 übernimmt die BEHALA die Städtische Brennstoffversorgung (SBV), die seit 1945 als eine Dienststelle der Senatsverwaltung für Inneres die Brennstoffversorgung der Verwaltungen und Einrichtungen des Landes Berlin sicherstellt. Im Westhafen hat sie große Flächen zur Lagerung angemietet. Die BEHALA sorgt nun dafür, dass alle Dienststellen und Einrichtungen des Landes Berlin mit festen und flüssigen Brennstoffen versorgt werden.

▲ Der Westhafen mit drei Hafenbecken: heute liegen hier neue Gleise

Nach dem Fall der Mauer wird der Osthafen ab Mai 1990 als Eigenbetrieb des Magistrats von

Ost-Berlin ebenfalls vom Geschäftsführer der BEHALA im Westteil Berlins geführt.

Im Jahr 1991 wird die Senatsreserve aufgelöst und zu einem großen Teil kostenlos der Sowjetunion überlassen. 1992 fusionieren die beiden Eigenbetriebe Osthafen und BEHALA. Zwei Jahre später wird die BEHALA zu einer Anstalt des öffentlichen Rechts. Jetzt kann sie selbst entscheiden, ob sie Kredite aufnehmen will, Rücklagen bildet, Tochterfirmen gründet oder Verträge mit anderen Unternehmen schließt. Mitte der 1990er-Jahre gelingt es, im Westhafen und im Osthafen zusätzliche Betriebe anzusiedeln (im Westhafen ein Asphalt-Mischwerk und eine Bodendekontaminierungsanlage; im Osthafen zwei Betonmischanlagen). 1996 überträgt das Land Berlin der BEHALA die Verantwortung für den Bau und die Unterhaltung der Kaianlagen in den BEHALA-Häfen und -Betriebsstellen. 2003 wird die BEHALA dann in eine privatrechtliche GmbH umgewandelt, um eine flexiblere Zusammenarbeit mit privaten Unternehmen zu ermöglichen.

Die Geschäftstätigkeit der BEHALA verändert sich massiv. Die Binnenschifffahrt verliert im Güterverkehr gegenüber Bahn und Straße nochmals an Bedeutung. Eine weitere Ursache ist der Strukturwandel der Berliner Wirtschaft. Der Umschlag von Massengut (Kohlen, Baustoffe, Bauschutt), aber auch industrieller Güter, geht deutlich zurück. Nach dem Mauerfall ist beispielsweise niemand mehr gezwungen, die senatseigenen Beseitigungsstellen für Bauschutt zu nutzen. Ein Großteil des Bauschutts wird selbst ins Umland gefahren.

Um auf die veränderte Wirtschaftsstruktur zu reagieren, siedelt die BEHALA zunehmend private Unternehmen in den Häfen an. Mit den verstärkt an Bedeutung gewinnenden politischen Zielen einer nachhaltigen Mobilität soll es gelingen, den Güterverkehr wieder verstärkt auf die Schifffahrt und die Bahn zu verlagern. Dafür sind die Voraussetzungen günstiger geworden. So wird die Anbindung der Wasserstraßen nach Westdeutschland im Rahmen des Verkehrsprojektes 17 Deutsche Einheit verbessert. Der Bau eines Terminals für den kombinierten Verkehr im Westhafen macht den Containertransport per Bahn in das Zentrum der Stadt möglich. Im Jahr 2009 startet die BEHALA die erste Binnenschiffverbindung für bis zu 54 Container zwischen Berlin und Hamburg, für die das Schiff hin und zurück sieben Tage braucht. Jedoch hat die Binnenschifffahrt mit der Finanzkrise hohe Einbußen hinzunehmen.

Im Lauf der Jahrzehnte muss sich die BEHALA weiteren Veränderungen im Verkehrswesen anpassen. Die Kohle wird immer mehr durch das Heizöl ersetzt, später durch das Erdgas. Es müssen völlig neue Ladekapazitäten geschaffen werden. Von 1992 an betreibt die BEHALA auch den Osthafen. Wegen des hohen Investitionsbedarfs für die Instandhaltung der Anlagen und Gebäude bei rückläufigem Umschlag kommt es zu einem negativen Betriebsergebnis.

Im Westhafen wird die Mehrzahl der überdachten Lagerflächen inzwischen durch Dritte, beispielsweise durch Spediteure genutzt, nurmehr ca. 40 Prozent bewirtschaftet die BEHALA. Auch der größte Teil der Freilagerflächen wird an Kunden vermietet.

Im Jahr 1999 übernimmt die BEHALA 94 Prozent der Aktien der für die Verwaltung des Teltowkanals zuständigen Aktiengesellschaft (TAG), zwei Jahre später geht sie vollständig in den BEHA-

LA-Besitz über. Die TAG kümmert sich vor allem um die Verwertung der in ihren Besitz befindlichen Grundstücke am Teltowkanal.

Der Senat braucht 2001 Geld in der Landeskasse und plant, die BEHALA im Zuge der Vermögensverkäufe in die ebenfalls landeseigenen Berliner Stadtreinigungsbetriebe BSR einzugliedern. Geplant ist, die wertvollen Hafengrundstücke zu verkaufen: 100 Millionen Euro plant der Finanzsenator zu erlösen. Weil niemand einen wenig lukrativen Hafenbetrieb kaufen will, soll die BSR dem Land das Geld zukommen lassen, die Grundstücke beleihen und später mit Gewinn veräußern – eigentlich ein Insichgeschäft. Daraufhin versucht die BEHALA selbst, ihre Grundstücke zu vermarkten, am Ende scheitert der Senatsplan.

2001 wird das neue Westhafen-Containerterminal in Betrieb genommen. Ursprünglich ist eine Stellplatzkapazität von ca. 650 TEU (Twenty-Foot Equivalent Unit = 20 Fuß-Standardcontainer) vorgesehen. Ab 2005 steigern sich die Umschlagzahlen durch die bahnseitigen Verkehre von ca. 850 TEU im Jahr 2004 auf rund 130 000 TEU im Jahr 2016. Die Stellplatzkapazität beträgt 1 200 TEU. Das Terminal wird in den Jahren 2005 und 2010 erweitert. 2017 wird damit begonnen, leere Container auf eine Neben-

◀ Hafenlogistik ist Wetterarbeit

◀ Schiffertradition: Schiffsausflug in historischem Gewand

▲ Westhafen-Containerterminal

fläche auszulagern, um mehr Platz zu schaffen. So entsteht das Leercontainer-Depot mit einer Kapazität von ca. 1 000 TEU.

Im September 2003 wird die landeseigene Hafengesellschaft BEHALA in eine GmbH umgewandelt. Mit Hilfe privater Partner will das Unternehmen das Logistikgeschäft ausbauen, weitere Firmen ansiedeln und die wertvollen Wassergrundstücke verwerten. Denn im Logistikgeschäft arbeitet die BEHALA mit Verlust.

Der Güterumschlag ist nicht mehr die wichtigste Aufgabe von Häfen. Die BEHALA muss sich umstellen, ihre Immobilien anders nutzen. Die Immobilien- und die Logistiksparte tragen heute zu etwa gleichen Teilen zum Umsatz bei. Im Westhafen sind die Lager inzwischen alle vermietet, es gibt lange Wartelisten. Klaus-Günter Lichtfuß, Leiter der BEHALA-Logistik, erläutert die Zukunftsstrategie: »Wir setzen auf hafenaffine Ansiedlungen. Wir favorisieren Unternehmen, die auch unsere Dienstleistungen in Anspruch nehmen. Die Flächen sind knapp. Wir wollen nur das im Hafen haben, was da auch hingehört.« Laut Hafennutzungskonzept des Berliner Senats ändert der Westhafen seine Struktur. Er entwickelt sich zum direkt im Zentrum gelegenen trimodalen Logistikzentrum mit einer Schienen-, Straßen- und Wasseranbindung. Für repräsentative Nutzungen dagegen eignen sich besonders die monumentalen Klinkerbauten des Osthafens.

Die BEHALA engagiert sich in mehreren Forschungs- und Entwicklungsprojekten. Es geht vor allem um den Einsatz alternativer Kraftstoffe und innovativer Antriebstechnologien. Das im Oktober 2019 präsentierte Projekt »A-Swarm« erprobt eine »Autonome elektrische Schifffahrt auf Wasserstraßen in Metropolregionen«. Dazu können in einem neuen Transportsystem per GPS gelenkte Wasserfahrzeuge dezentral gelegene Logistik-Hubs ansteuern. Die derzeit gering ausgelasteten Binnenwasserstraßen sollen zur Verlagerung von Güterverkehren von den überlasteten Straßen auf das Wasser genutzt werden.

Zeitgleich wird mit dem Bau des weltweit ersten emissionsfreien Schubbootes »Elektra« begonnen. Das Boot ist mit einem hybriden Energie- und Antriebskonzept ausgestattet und dient vor allem dem Transport von Gütern

▲ Verladung einer AEG-Turbine

innerhalb von Berlin. An seiner Entwicklung ist die BEHALA neben sieben weiteren Partnern beteiligt. Das Schubboot wird sowohl von wasserstoffbetriebenen Brennstoffzellen als auch von einer E-Batterie angetrieben. Das Schiff hat eine Reichweite von rund 400 Kilometern. Für den Einsatz Richtung Rhein/Ruhr, Hamburg und Stettin benötigt es unterwegs jeweils eine weitere Landstation zur Versorgung mit Wasserstoff und Strom. Im Mai 2022 wird die »Elektra« im Westhafen von der Regierenden Bürgermeisterin von Berlin getauft.

Der Ausbau der Wasserstraßen von Hannover nach Berlin im Zuge des Verkehrsprojektes Deutsche Einheit Nr. 17 verschafft Berlin die Anbindung an das europäische Wasserstraßennetz. Großmotorschiffe bis 2 100 Tonnen und Schubverbände mit zwei Leichtern bis 3 500 Tonnen (die sogenannten »Europaschiffe«) können den Südhafen Spandau und den Westhafen anfahren. Die Fahrrinne wird auf 3,50 Meter vertieft. Gleichzeitig werden die Durchfahrtshöhen an den Brücken auf mindestens 5,25 Meter verbessert für einen uneingeschränkten zweilagigen Containertransport bis zum Westhafen. Dazu wird die Schleuse Charlottenburg neu gebaut, ein Abschnitt der Spree begradigt und die Havel ausgebaut. Der Westhafenkanal

▲ Europaschiffe im Westhafen

wird bereits 2002 ausgebaut. Berlins Häfen werden so für die 115 Meter langen und 11,45 Meter breiten Großmotorschiffe (d. h. vier Reihen Container) und die 185 Meter langen Schubverbände mit einer Abladetiefe von 2,80 Meter zugänglich. Der Leiter der BEHALA-Logistik, Klaus-Günter Lichtfuß: »Doppellagig kann jetzt auch schon gefahren werden. Aber wir müssen auch die großen Schubverbände fahren können, damit sich das wirtschaftlich gegenüber der Bahn rechnet. Im Jahr 2028 soll der Ausbau von Spree und Havel fertig sein.« Bisher sei »die Menge, die wir auf Schiffen transportieren können, kleiner als die, die wir auf der Bahn transportieren.« Der heutige Umschlag bei der BEHALA vom Schiff auf den Lkw oder umgekehrt sei »sehr überschaubar«. »Die BEHALA baut deshalb an ihren Standorten auch die Eisenbahn-Infrastruktur aus.«

So rücken immer weitere Perspektiven für die Berliner Häfen und Wasserwege in den Blick

▲ Häfen helfen: Baustoffe verladen mit mobilen Umschlaggeräten

▶ Elektro-Schubboot Elektra und Schwerlast-Shuttle Ursus: BEHALA-Innovationen

ELEKTRA
ELEKTRA

BEHALA
BEHALA SCHWERGUT SHUTTLE

der BEHALA. Früh machte die IHK Berlin auf die Kosten- und Umweltvorteile des Gütertransports auf dem Wasser aufmerksam und spricht von »Systemvorteilen«: »Der Primärenergiebedarf ist durchschnittlich rund ein Viertel niedriger als bei der Schiene und mehr als zwei Drittel niedriger als bei der Straße. Dieser Umweltvorteil wirkt sich positiv auf die Kosten aus. Außerdem sind, wie die Kennzahlen belegen, die CO_2-Emissionen wesentlich geringer als beim Lkw und der Bahn.«

Aber auch die Erholung auf und an den Kanälen und Flüssen Berlins und der Wassertourismus gelten als zukunftsträchtiges Entwicklungsfeld, das seinen Beitrag zur großen Aufgabe der Erhaltung und stetigen Entwicklung der Wasserinfrastruktur leisten wird. Häfen sind immer Orte der Entwicklung – und so hat wohl nicht zufällig das Futurium als »Haus der Zukunft« in Berlin seinen Standort am Alexander- und Kapelle-Ufer zwischen Spree und Humboldthafen gefunden.

▲ Häfen sind Zukunft - auch für aktive Erholung

FABIAN MEIER HAFENLOGISTIKER, GERADE AUSGELERNT

Mir gefallen die körperliche Arbeit und das Fahren von den großen Geräten. Das fing schon mit dem Treckerfahren bei meinem Vater an, der in der Landwirtschaft arbeitet. Nach einem halben Jahr bei der BEHALA durfte ich manchmal schon auf dem Bagger oder Radlader sitzen. Ich bin Kran gefahren, um Schiffe zu entleeren, und fuhr nach Einarbeitung auch die Containerbrücken.

Ursprünglich komme ich aus Uelzen, ich bin 24 Jahre alt. Ich habe 2017 Abitur gemacht und war dann ein Jahr lang in Neuseeland. Mit der Familie meiner Freundin habe ich im Bus in Hamburg eine Hafenrundfahrt gemacht. Wir sind an der Kaikante entlang unter den großen Containerbrücken gefahren, und das hat mir richtig gut gefallen. In jungen Jahren habe ich meinem Vater schon immer geholfen. Ich besaß einen Trecker-Führerschein, konnte Getreide fahren und Kartoffeln sortieren. Meine Freundin lebt in Berlin. So bin ich auf die BEHALA gestoßen, habe hier Probe gearbeitet und dann 2019 die Ausbildung zum Hafenlogistiker begonnen. Seit Juli 2022 bin ich angestellt. In der Ausbildung lernte ich die Siloanlagen, das Freilager und das Containerterminal kennen.

Im Moment arbeite ich in den Kaffeesilos. Wir kriegen den Kaffee in Containern, lagern ihn ein und beladen dann unsere eigenen Lkws, die ihn zu einer Rösterei in Berlin-Reinickendorf fahren.

HMM

Unitank

BEHALA

Harald Neckelmann

Geboren 1965 in Tönisvorst, studierte Publizistik, Politologie und Niederlandistik in Münster, Berlin und Amsterdam. Von 1995 bis 2007 arbeitete er als Autor und Korrespondent für den ARD-Hörfunk. Seither ist er als Sachbuchautor, Dozent und Stadtführer in Berlin tätig. Von ihm erschienen bereits zahlreiche Bücher zur Geschichte und Gegenwart Berlins.

Bildnachweis

Cover: akg-images (Buchhandel); BEHALA / Ole Heinrich (BEHALA)
Innen: akg-Images 21 (r.o.); akg-images / Gert Schütz 52; ArTo – stock.adobe.com 104 (u.); BEHALA / »50 Jahre Hafenstadt Berlin«, Berlin 1964 20 (l.); BEHALA / Ingo Barth 59 (u.); BEHALA / H.W. Gewande 59 (o.), 107 (u.), BEHALA / Ole Heinrich 6, 150/151, 157 (u.), 159, 163, 165 – 167, 170 – 173; BEHALA / Rolf Koehler 57 (u.), 61; BEHALA/ Kühn 62; BEHALA / Werner Mahler (Agentur Ostkreuz) 54/55, 84 (o.), BEHALA / Fritz Remus 92; BEHALA Archiv 8, 17, 45, 57 (o.), 59 (u.), 60, 66, 71 (o.), 84 (l.u.), 107 (u.), 148/149, 152 (l.), 155, 157 (o.), 160, 162, 164; Bewag-Archiv / Ludwig Preiß Industrie- und Pressebilddienst GmbH 125; Bildarchiv Foto Marburg 26, 32/33, 86; bpk / Kunstbibliothek, SMB, Photothek Willy Römer / Willy Römer 11, 48, 51; Bundesarchiv 16; Bundesarchiv / Heinscher 30 (o.); Bundesarchiv / Krueger 135; Bundesarchiv / Ludwig Rauch 137; Bundesarchiv / Georg Pahl 30 (l.u.); Bundesarchiv / Günter Weiß 136; Bundesarchiv / Wesselowski 50; Alec Christof 65, 71 (u.); ddrbildarchiv.de / Robert Grahn 52/53; Deutsches Technikmuseum 76, 98; Stephan Dost – stock.adobe.com S. 42 (o.); Ebenart – stock.adobe.com 39 (u.); Energie-Museum Berlin 118; Geoportal Berlin / Luftbilder 1989 / Maßstab 1:10.000 89; golovianko – stock.adobe.com 144/145 (u.); Christian granat – stock.adobe.com 147 (u.); Heimatmuseum Reinickendorf (Archiv) 146; Heimatmuseum Tempelhof 102 (u.); holger.l.berlin – stock.adobe.com 104 (o.); Landesarchiv Baden-Württemberg, Staatsarchiv Freiburg / Sammlung Willy Pragher 140 (l.u.), 152/153 (m. & r.); Landesbildstelle Berlin 20/21, 30 (u.r.), 34/35, 38 (o.), 42 (u.), 110, 141; Landesdenkmalamt Berlin 18/19; Mickis Fotowelt – adobe.stock.com 95, 100/101; Andreas Muhs 25, 55 (r.), 78, 108 (o.), 113, 168; Harald Neckelmann S. 22, 24, 31 (u.), 53, 67, 75, 77, 79, 87, 93, 94, 103, 105, 108 (u.), 111, 114/115, 117, 122 (u.), 124, 126/127 (o.), 133, 139, 143, 144/145 (o.), 154, 169; Oiltanking Deutschland 122 (o.); Patrick P. Palej – stock.adobe.com 97; RCphoto – stock.adobe.com 73 (u.); Sliver - stock.adobe.com 2/3; SLUB / Deutsche Fotothek / Paul W. John 83 (o.); Stadtmuseum Berlin 40/41, 44/45, 102o.; ullstein bild - Haeckel Archiv 46, 49; ullstein bild – Kornetzki 132; ullstein bild - Waldemar Titzenthaler 27; ullstein bild - ullstein bild 47; Unitank 126; Wikimedia Commons S. 10, 20/21 (m.), 28/29, 36/37, 43, 90, 131, 138; Zentralbild 134

Der Verlag hat sich bemüht, alle Rechteinhaber ausfindig zu machen. Eventuelle Auslassungen wird der Verlag bei entsprechendem Hinweis gern in einer folgenden Auflage korrigieren.

HAVELBLICKE

Auf Entdeckungsfahrt an den Seeufern von Berlin und Potsdam

Die HAVEL ist ein Unikum. Es gibt wohl keinen anderen deutschen Fluss, der so viele Schleifen macht, derart zahlreiche Seen bildet, gleich vier Bundesländer durchströmt und an den Ufern mit originellen Bauten überrascht? Ein Höhepunkt ist die nur wenige Kilometer lange Strecke zwischen Berlin und Potsdam. Sie ist das Ziel der mehrtägigen Erkundungsfahrt eines kleinen Kajütmotorbootes, bei der die Parks, Villen und Schlösser des Preußischen Arkadiens vom Wasser aus betrachtet und bei Landgängen in Augenschein genommen werden. In Gesprächen mit Menschen, die sich für die Erhaltung und Gestaltung dieser einzigartigen Flusslandschaft einsetzen, werden 200 Jahre deutscher Geschichte lebendig. Besonders spannend die letzten Jahrzehnte, in denen es gelungen ist, das fast Verlorengeglaubte wiederzugewinnen. Mit dem „Blick vom Boot" wird nicht nur von historisch bedeutsamen Uferbauwerken und der Schönheit alter Parkanlagen erzählt, sondern auch von Zivilcourage, Mut zum Risiko und der Freude am Gelingen.

Der Autor, **Michael Stoffregen-Büller**, Jahrgang 1939, war viele Jahre für die ARD tätig, als Reporter und Redakteur der Informationsmagazine MONITOR und WELTSPIEGEL in Köln, als Chefredakteur Fernsehen beim HR in Frankfurt und WDR-Landesstudioleiter in Münster. Er hat zahlreiche Filme und Bücher publiziert, unter anderem über die Anfänge der Aeronautik, Rundfunkgeschichte, die kulturelle Bedeutung des Pferdes und zuletzt die einmalige Havelwasserlandschaft zwischen Berlin und Potsdam.

hendrik **Bäßler** verlag · berlin
Strausberger Platz 12 · D-10243 Berlin
Fon: +49(0)30.240 858 56 · Mobil: +49(0)178.28 512 98
E-Mail: info@baesslerverlag.de
www.baesslerverlag.de · www.edition-schloesser-gaerten.de

Kulturland Brandenburg
Zukunft der Vergangenheit - Industriekultur in Bewegung

Mit Fotografien von Frank Gaudlitz

Redaktion: Heidi Pinkepank

L&H Verlag für die Verlagskooperation lesen lokal

ISBN: 978-3-939629-64-1

Heidi Pinkepank
& Markus Otto (Hg.),
KULTUR [tagebau] LANDSCHAFT

Strukturen der Tagebaufolge lesen, verstehen, gestalten, entwickeln

L&H Verlag

ISBN: 978-3-939629-67-2